淮南师范学院学术专著出版基金资助

食品智能包装材料、技术及应用

夏丽 著

化学工业出版社
·北京·

图书在版编目（CIP）数据

食品智能包装材料、技术及应用 / 夏丽著. — 北京 ：化学工业出版社，2026. 3. — ISBN 978-7-122-49752-9

Ⅰ. TS206-39

中国国家版本馆 CIP 数据核字第 2026G9H093 号

责任编辑：邵桂林　　　装帧设计：韩　飞
责任校对：李　爽

出版发行：化学工业出版社
（北京市东城区青年湖南街 13 号　邮政编码 100011）
印　　装：北京科印技术咨询服务有限公司数码印刷分部
710mm×1000mm　1/16　印张 10¼　字数 144 千字
2026 年 3 月北京第 1 版第 1 次印刷

购书咨询：010-64518888　　　售后服务：010-64518899
网　　址：http://www.cip.com.cn
凡购买本书，如有缺损质量问题，本社销售中心负责调换。

定　　价：69.00 元

前言

通过智能化与功能多样化设计，开发新型智能食品包装储藏体系，保障食品贮运过程中的品质和质量安全，并延长食品储藏货架期，是目前食品包装领域的前沿课题和研究热点。在食品储存和运输过程中，氧气浓度、湿度、温度、紫外线照射和微生物等环境因素都会对食品的品质、颜色、气味和其他感官特性产生实质性影响。这些因素与食品储藏环境内微生物的生长和繁殖密切相关，是决定食品质量和安全的关键因素。

对于大部分食品来说，储存和运输环境中较高的氧气水平会加速脂肪和油的氧化过程，从而通过消耗食品中的维生素和氨基酸导致食品的营养成分降低。而储藏微环境内相对湿度的变化会改变食品的含水量和水分活性，通过物理、化学或生物作用影响食品的质构、感官及腐败特性。其中，食品基质含水量受控于储藏微环境相对湿度的变化，满足水分迁移等温线（脱吸或吸附），即基质的平衡水分与环境相对湿度的关系；水分活性通过改变微生物对热、光和化学或生物反应的敏感性影响腐败微生物的滋生与繁殖。目前，常用于食品包装储藏体系的氧气和湿度调控方式主要有降调（干燥气体置换或真空包装）、阻调（阻隔包装）和除调（除氧剂或干燥剂）。这3种氧气和湿度调控方式受限于除氧剂或干燥剂的除调能力和除调容量，且除氧剂或干燥剂一直留存于包装储藏体系，具有一定的安全隐患。因此，开发一种智能食品包装十分必要。

由于食品变质通常是由微生物生长引起，抗菌活性包装是一种便捷高效的活性包装体系，一般由基膜和抗菌剂构成。活性包装因能够通过对生物活性物质的控释保证食品的品质而受到业内的关注。抗菌剂是抗菌活性包装的关键。芳香植物的次生代谢物植物精油具有广泛的生物活性（如抗病毒、抗细菌等)，有益于食品和人类健康，常被用作食品防腐剂。由于不同的植物精油对不同细菌的抗菌性能亦有所差异，通过植物精油的组合，常常会产生协同抗菌作用，提高抗菌效果。与有机抗菌剂相比，无机抗菌剂具有广谱抗菌活性和良好的稳定性。为了满足抗菌活性包装对抗菌剂的差异化要求，利用不同植物精油的协同作用实现优势互补，已成为目前业内研究的热点。

目录

第一章

绪 论

为了满足人们对健康绿色食品日益增长的需求，逐步完善和发展智能食品包装体系已经成为一种必然趋势。营养物质的氧化和微生物的污染是食品变质腐败的主要原因[1]，因而在智能活性食品包装领域内，具有抗菌[2]、抗氧化活性[3] 的功能性膜一直以来是国内外研究者们追求和探索的方向[4-7]。同时，食品贮运过程中的湿度、温度、紫外线和氧气等环境因素[8,9] 也将直接影响食品质量、色泽及感官特性，并与微生物的滋生与繁殖密切相关，是影响食品品质与安全的关键性因素[10]。对于湿敏性食品，环境相对湿度的增加易诱发微生物滋生[11]，引起食品腐败分解，缩短储藏期[12-14]。

一、智能包装简介

在食品的运输、存储和销售过程中，包装至关重要。食品包装能够有效保障食品安全，避免其受到外界环境中的微生物、水分、氧气、光线、灰尘和挥发物等的影响。随着生活水平不断提高，消费者的食品安全意识不断增强，智能包装技术在食品行业中有着广阔的发展前景。智能包装是能够执行识别、感知、检测、通信、追踪等智能功能的包装技术[15]。它可以感知食品的包装环境和追踪交流食品的情况（图 1-1），从而更好地实现食品包装的目的。智能包装通过对食品包装材料、结构及信息进行可控性变革，在提高食品的质量安全性和可追溯性以及为消费者提供便利等方面起着重要作用。因此，智能包装技术也越来越多地受到人们的关注[16]。

与传统包装材料相比，智能包装材料具有感应性（即对周围环境的变

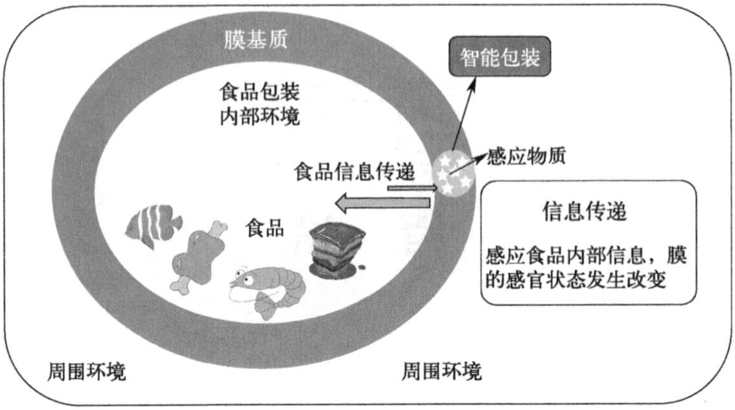

图 1-1 智能包装技术应用于食品包装

化十分敏感）、识别性（即对不同影响因素能够加以识别）和调控性（即可根据环境变化调整自身条件）等特点。根据不同功能特征，可将智能包装材料分为变色材料、活性材料和发光材料等[17]。

1. 变色材料

变色材料能够根据周围环境刺激做出颜色反馈，它能够作为一种指示剂，可以根据颜色变化为人们提供食品温度、微生物量、完整性、真伪等信息，在信息警示、记录、防伪等包装领域中有着广阔的应用前景。根据不同功能，可分为泄漏指示剂、时间-温度指示剂和新鲜度指示剂等[18]。

泄漏指示剂可以监控食品包装内气体指标，为人们提供包装的完整度信息。常用的一种食品包装方式是在包装内充入适量的 CO_2 的气调包装，当包装泄漏时会导致 CO_2 含量下降、O_2 含量升高从而使食物变质。因此，监控包装内的 CO_2 或 O_2 含量对于食品储存至关重要。常用的监测气调包装泄漏与否的指示剂是氧指示剂。Huang 等[19] 开发了一种基于石墨烯和 TiO_2 复合材料的直观的比色氧指示剂来监测气调包装的完整性，研究发现当指示剂为蓝色时表明包装已破损。

时间-温度指示剂能够利用时间、温度累积效应对食物的温度变化和剩余货架期信息等进行操控、监测和记录。在食品的储运中，若控温措施不当，会促使有害病菌滋生而导致食品被微生物污染变质。而这类指示剂可以通过某一温度下与食品质量相匹配的颜色反应来告知消费者食品质量情况。Xu 等[20] 开发了一种基于酪氨酸酶的时间-温度指示剂，并将这种指示剂应用到比目鱼生鱼片的质量监测中，通过建立指示剂颜色变化与时间和温度之间的关系，该指示剂可作为比目鱼生鱼片的质量监测指标。

新鲜度指示剂（图 1-2）是根据食品中微生物生长而导致的 pH 变化和生成的 CO_2、二乙酰、H_2S、乙醇、挥发性盐基氮（TVB-N）、有机酸等物质含量的变化，来反映食品质量信息的指示剂[21]。此类指示剂大部分是基于食物中的代谢产物反应而产生的颜色变化来指示食品新鲜度的。目前，通过监测 TVB-N 的含量来反映鱼、虾类食物的新鲜度已被广泛研究。Moradi 等[22] 设计了由黑胡萝卜花青素和细菌纤维素组成的纳米纤维比色标签，用于监控虹鳟鱼和鲤鱼鱼片的新鲜度。研究发现，当标签颜色变为蓝色和卡其色时，表明鱼片已变质。

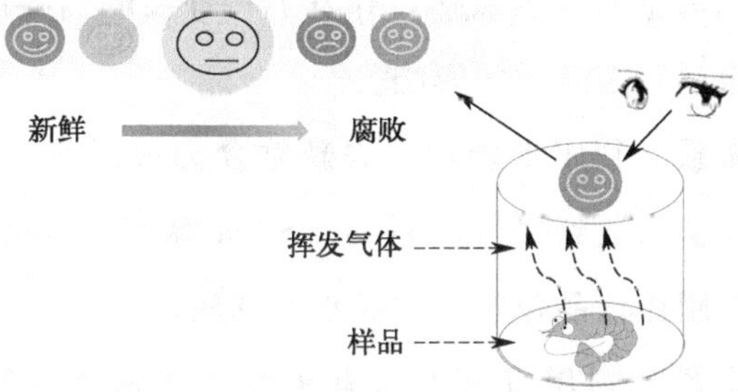

图 1-2　纳米纤维比色标签应用于食品新鲜度监测

2. 活性材料

活性材料中的活性组分能够改变食品内部的气体浓度（O_2 和 CO_2）、湿度及微生物等包装环境，从而延长食物货架期、保障食物安全及改善风味等[23]。根据作用方式不同，可将其主要分为释放型材料和吸收型材料等。释放型材料能够释放出 CO_2、抗菌剂、抗氧化剂等对食品储存有利的成分。常见的活性材料包装体系有 O_2 清除体系、CO_2 产生或清除体系、乙烯清除体系、除湿体系和抗菌体系等[24]。

（1）O_2 清除体系　以利用无机基质（如还原铁、亚铁盐类、次硫酸钠等）或有机基质（如酶、抗坏血酸、油酸等）为主体的脱氧剂来清除食品包装环境内的 O_2。Singh 等[25] 用碳酸钠和焦没食子酸改性低密度聚乙烯薄膜制备脱氧膜，并应用到大蒜储存中。

（2）CO_2 产生或清除体系　较高质量分数的 CO_2 可以抑制食物表面微生物的生长，而过高质量分数的 CO_2 会促使无氧呼吸，有利于厌氧菌的生长繁殖，因此在食品储存过程中要适当地充入或清除 CO_2 来延长食物货架期。基于碳酸氢钠、抗坏血酸和柠檬酸的二氧化碳生成系统可应用于包装咖啡熟豆[26]。Aday 等[27] 利用 $2Na_2CO_3\cdot 3H_2O_2$、Na_2CO_3、NaCl 和膨润土制成了自主 CO_2 吸附剂，并研究了其对草莓品质的影响。

（3）乙烯清除体系　乙烯是一种植物催熟剂，会促使新鲜果蔬成熟和衰老，因此为了延长果蔬的货架期，清除乙烯是非常必要的。Alvarezhernandez 等[28] 以海泡石作为载体，开发了一种新的高锰酸钾基乙烯清除剂，并评估了该清除剂对杏品质的影响。

（4）除湿体系　利用干燥剂除去新鲜食品或果蔬表面的多余水分来抑制微生物滋生，从而达到保鲜的目的。Silva 等[29] 用小麦淀粉和聚环氧乙烷制成气凝胶，用作食品包装中的吸水性基质。

（5）抗菌体系　利用抗菌剂（有机酸、金属及其氧化物、植物精油、细菌素、氨基酸等）抑制食品中病原微生物的生长，防止食品腐败变质。从而延长食品的保质期。Lin 等[30] 通过静电纺丝技术成功地将菊花精油掺进壳聚糖纳米纤维中，应用于延长牛肉的保质期。

3. 发光材料

发光材料是指在受到外界影响（如光、力、电、热、化学等）时，能够以某一种形式吸收能量，然后通过光的形式来表现，从而实现包装视觉传达效果的一类材料。发光材料在现实生活中的应用形式有很多，包括发光的油墨、薄膜、涂料、塑料、纤维等，这种材料具有安全警示、多维显示、防伪等多种功能[31]。尤其是对于特殊人群、特殊场地、特殊时间等，发光包装材料的应用是非常重要的。

二、智能包装的应用

在食品包装方面，智能包装技术能够提高食品的安全性和控制食品的质量。一方面，可以通过指示方式来显示食品的新鲜程度，同时还能显示生产日期和保质期，为消费者提供准确的产品质量信息。另一方面，可以通过调节包装体系中的气体浓度、温度、湿度、微生物等环境因素来有效地指示食品的新鲜程度和延长其货架期，从而最大限度地为食品质量和营养价值提供保障。在医药包装方面，智能包装技术能够保持药物良好状态和提高药物服用便利性[16]。由于很多药品具有不稳定性，其对包装环境的要求很高，而智能包装技术可以根据不同药物需要特制其包装材料及体系环境，因而在医药包装领域中备受青睐。此外，在药物包装上设计特殊装置可以科学地控制药量，有效地引导特殊群体配合治疗。

此外，智能包装技术在化妆品和护理品上也越来越受到研究人员和消费者的喜爱。它不仅可以确保并提高产品的品质，还可以在鉴别产品真伪上为消费者提供便利。

参考文献

[1] Casadey R，Challier C，Altamirano M，et al. Antioxidant and antimicrobial properties of tyrosol and derivative-compounds in the presence of vitamin B2：Assays of synergistic antioxidant effect with commercial food additives [J]. Food Chemistry，2021，335：127576.

[2] Samsudin H，Soto Valdez H，Auras R. Poly (lactic acid) film incorporated with marigold flower extract (*Tagetes erecta*) intended for fatty-food application [J]. Food Control，2014，46：55-66.

[3] Bolumar T，LaPeña D，Skibsted L H，et al. Rosemary and oxygen scavenger in active packaging for prevention of high-pressure induced lipid oxidation in pork patties [J]. Food Packaging and Shelf Life，2016，7：26-33.

[4] Altiok D，Altiok E，Tihminlioglu F. Physical，antibacterial and antioxidant properties of chitosan films incorporated with thyme oil for potential wound healing applications [J]. Journal of

Materials Science-Materials in Medicine，2010，21（7）：2227-2236.

[5] de Prado E M L，de Paula G A，Dutra J A P，et al. Crude dry extract from *Colocasia esculenta* in association with poly（vinyl alcohol）as biomaterial to prepare bioactive wound dressing [J]. Polymer Bulletin，2022，1-30.

[6] Farazin A，Zhang C，Ghasemi A H. Preparation and identification of new antibacterial and biocompatible dressings based on gelatin/polyvinyl alcohol and castor oil [J]. Journal of Polymer Research，2023，30（3）：125.

[7] Altaf F，Niazi M B K，Jahan Z，et al. Synthesis and characterization of PVA/starch hydrogel membranes incorporating essential oils aimed to be used in wound dressing applications [J]. Journal of Polymers and the Environment，2020，29（1）：156-174.

[8] Hyun J E，Kim J H，Choi Y S，et al. Evaluation of microbial quality of dried foods stored at different relative humidity and temperature，and effect of packaging methods [J]. Journal of Food Safety，2018，38（2）：e12433.

[9] Manandhar A，Milindi P，Shah A. An overview of the post-harvest grain storage practices of smallholder farmers in developing countries [J]. Agriculture，2018，8（4）：57.

[10] Yi S，Wu Y，Zhang Y，et al. Antibacterial activity of photoactive silk fibroin/cellulose acetate blend nanofibrous membranes against escherichia coli [J]. ACS Sustainable Chemistry & Engineering，2020，8（45）：16775-16780.

[11] Janjarasskul T，Suppakul P. Active and intelligent packaging：The indication of quality and safety [J]. Critical Reviews in Food Science and Nutrition，2018，58（5）：808-831.

[12] Gokoglu N. Innovations in seafood packaging technologies：A review [J]. Food Reviews International，2020，36（4）：340-366.

[13] Qian M，Liu D，Zhang X，et al. A review of active packaging in bakery products：Applications and future trends [J]. Trends in Food Science & Technology，2021，114：459-471.

[14] Yildirim S，Röcker B，Pettersen M K，et al. Active packaging applications for food [J]. Comprehensive Reviews in Food Science and Food Safety，2018，17（1）：165-199.

[15] 刘莹．智能包装的定义及分类研究 [J]．科技传播，2013，5（11）：232-233.

[16] 刘辰雨，张改梅，宋晓利，等．智能包装的应用与发展趋势分析 [J]．包装工程，2019，40（15）：80-86.

[17] 高康，黄倩．智能包装应用现状研究 [J]．绿色包装，2019，3：52-55.

[18] 刘东红，吕飞，叶兴乾．食品智能包装体系的研究进展 [J]．农业工程学报，2007，23（8）：286-290.

[19] Huang S, Li H, Wang Y, et al. Monitoring of oxygen using colorimetric indicator based on graphene/TiO2 composite with first-order kinetics of methylene blue for modified atmosphere packaging [J]. Packaging Technology and Science, 2018, 31 (9): 575-584.

[20] Xu F, Ge L, Li Z, et al. Development and application of a tyrosinase-based time-temperature indicator (TTI) for determining the quality of turbot sashimi [J]. Journal of Ocean University of China, 2017, 16 (5): 847-854.

[21] 李田田，李洋，王磊明．智能包装指示器在食品工业中的研究进展 [J]．食品研究与开发，2019，40 (15): 190-199.

[22] Moradi M, Tajik H, Almasi H, et al. A novel pH-sensing indicator based on bacterial cellulose nanofibers and black carrot anthocyanins for monitoring fish freshness [J]. Carbohydrate Polymers, 2019, 222: 115030.

[23] De Kruijf N, Van Beest M, Rijk R, et al. Active and intelligent packaging: applications and regulatory aspects [J]. Food Additives and Contaminants, 2002, 19: 144-162.

[24] 都凤军，孙彬，孙炳新，等．活性与智能包装技术在食品工业中的研究进展 [J]．包装工程，2014，35 (01): 135-140.

[25] Singh S, Gaikwad K K, Lee Y S. Development and application of a pyrogallic acid-based oxygen scavenging packaging system for shelf life extension of peeled garlic [J]. Scientia 49Horticulturae, 2019, 256: 108548.

[26] Singh P, Wani A A, Saengerlaub S. Active packaging of food products: recent trends [J]. Nutrition & Food Science, 2011, 41 (4): 249-260.

[27] Aday M S, Caner C, Rahvalı F. Effect of oxygen and carbon dioxide absorbers on strawberry quality [J]. Postharvest Biology and Technology, 2011, 62 (2): 179-187.

[28] Alvarezhernandez M H, Martinezhernandez G B, Avalosbelmontes F, et al. Postharvest quality retention of apricots by using a novel sepiolite-loaded potassium permanganate ethylene scavenger [J]. Postharvest Biology and Technology, 2020, 160: 111061.

[29] Silva F T D, De Oliveira J P, Fonseca L M, et al. Physically cross-linked aerogels based on germinated and non-germinated wheat starch and PEO for application as water absorbers for food packaging [J]. International Journal of Biological Macromolecules, 2020, 155: 6-13.

[30] Lin L, Mao X, Sun Y, et al. Antibacterial properties of nanofibers containing chrysanthemum essential oil and their application as beef packaging [J]. International Journal of Food Microbiology, 2019, 292: 21-30.

[31] 柯胜海，庞传远．材料智能型包装的分类及设计应用 [J]．包装工程，2018，39 (21): 15-19.

第二章

纳米技术应用于智能食品包装

在食品科技与材料工程交叉融合的今天，纳米技术正重新定义智能包装的边界。随着2025年全球食品物流复杂度指数较2020年上升217%（据欧盟预测数据），传统包装在动态保鲜、全程溯源等维度已显疲态。通过将纳米材料的量子效应与表面等离子体共振特性转化为包装功能，我们得以构建具有环境交互能力的"活性"包装系统：从利用会"呼吸"的纳米多孔膜结构调节包装内微环境，到借助能"思考"的纳米传感器阵列实时解码食品分子状态，这种原子级别的精确调控正在颠覆"包装仅是容器"的固有认知。欧盟"地平线2025"计划最新案例显示，装载纳米纤维素气凝胶的草莓包装可将腐败率从19%降至3%，同时减少冷链能耗34%。这场由纳米技术驱动的包装革命，本质上是在食品科学与可持续发展之间架设了一座双向桥梁。

第一节　纳米包装技术

纳米材料对食品质量安全和保存至关重要，因其赋予了食品包装关于创造性和环保性的选择。纳米材料在包装材料中提供了独特的功能品质，提高了食品安全性，延长了其保质期，并表现出抗菌、除氧和防潮屏障等功能。文献表明，纳米材料可以增强食品的生物利用度、减少脂质氧化，并在加工和储存过程中提高其稳定性，而不影响其物理化学、感官或定性的性质[1]。现有的研究结果表明，食物基质在储运过程中可能会产生负面作用，影响纳米包装材料的抗菌功效和生物利用度，在环境和人体中潜在的积累会导致一定的安全隐患而引起人们对健康的关注[2]。

纳米技术关注的是尺寸在1～100nm之间的自然或人工制备材料。其显著的发展为环境工程、生物学、物理学、食品技术、医学和材料加工等应用科学领域的可持续发展提供了机遇。同时，纳米材料在公共卫生、农业、医药、服装、化妆品以及食品等多个行业中的应用也在不断扩大。这主要归因于它们在提高溶解度和生物利用度，以及在加工和储存过程中保护生物活性成分方面所展现出的卓越能力。由于其独特的物理化学特性和对多种致病菌的抗菌能力，纳米材料被广泛应用于医疗、农业、水消毒及食品卫生与保存领域[3,4]。

过去几十年中，作为一种前景广阔的技术，纳米技术受到了极大的关注，并重新塑造了现代食品工业，为该行业做出了重要贡献[5]。随着全球食品消费数量的不断增加，食品生产面临着严重的不足，因此必须采取有效措施以确保全世界的消费者都能获得足够的食物。在众多特性中，纳米材料因其较大的表面积、目标特异性和缓释作用而成为首选[6]。此外，它还能够精确作用于活性区域，从而延长许多食物的保质期，使这一概念得以转化为实际产品。

营养型食品的开发与新鲜的食品生产需同步进行，而这一过程受到纳米输送装置运输膳食添加剂的影响[7]。尽管纳米技术在革新产品开发与制造方面具有巨大潜力，但目前阻碍其发展的主要障碍之一是如何实现具有成本效益的加工方法，以创造可食用且环保的纳米输送系统[8]。此外，还需要研发安全有效且适合人类消费的新配方。

随着这些纳米级材料（NSMs）使用的增加，人们愈发关注通过直接、安全且经济的方法从食品级组件中生产可生物降解、高可靠性和无毒性的纳米材料，例如逐层自组装法[9]。值得注意的是，在采用任何方法加工食品时，应确保不损害其品质与味道[10]。目前，加工后的食品含有微量营养素，这一特征已被证明可以满足许多消费者的需求，这凸显了当前食品工业的一大关键，即营养型食品的生产，其重要性已与新鲜农产品的保藏技术并驾齐驱[5]。

由于微生物腐烂和虫害会造成相当大的食材损失，自古以来农产品就一直难以保存。据统计，采后水果和蔬菜可能会遭受35%～40%的损失，使之成为最易损耗的食材[11]。而今，随着全球市场日益国际化，要求更高质量、更安全以及更长保质期产品的信息传递给了各大制造商。因此，他们必须提升自身制造工艺，以应对激烈竞争带来的压力，同时满足消费者对高品质商品日益增长的需求，以及遵循越来越严格的法律法规要求。此外，可持续发展理念促使该行业采取减少生产废弃（特别是粮食浪费）的新实践。

其中，一种可能增强微生物安全性并延长包装内食品保质期的方法便是活性包装。在降低疫情防控期间健康问题发生概率上，有效控制由食源性病原体引起的感染至关重要。因此，各大企业通过向商品中添加人工合成防腐剂及抗生素来预防食源病原体引起的感染[12]。然而，这些防腐剂若过量或不当使用，将导致细菌产生耐药性[13]。当今消费者倾向于选择天然抗菌成分，因为他们已经意识到合成防腐剂的不良影响以及抗生素耐药性的风险[14,15]。

借助先进科技的发展，可以显著延长食品储存期限，并最大限度地降低其变质速度，从而使富含营养的食品顺利抵达大众手中。这不仅有助于改善公众健康，还有助于缓解粮食短缺问题。目前，多种“纳米系统”，如纳米胶囊、纳米管、纳米复合材料、纳米传感器、固体纳米粒子、纳米纤维和纳米条形码等，是用于食品制造、包装及保存行业的主要材料[16]。智能型纳米材料的开发可对环境变化做出反应，如食品变质时颜色发生变化，并能通过中和有害细菌与病原体来根本改善食品的货架期。

集成抗菌性的纳米颗粒于食品包装中可防止细菌生长，提供比传统防腐剂更持久的解决方案。此外，实时监测温度、湿度和腐败气体状态的纳米生物传感器可以确保食品安全与质量[17]。随着科技进步，纳米传感器在食品包装中的应用越来越普遍，因为它们能够提供如温度、湿度和微生物污染等实时信息[18]。

目前正在开发的一些生态友好型脱除塑料污染影响的生产方法是，使用有阻隔性能且减少环境影响的可降解复合材料用于食品包装[19]。活性包装技术包括使用如纳米黏土或者纳米纤维素等新型材料来延长产品保质期并避免变质[20]。当前仍有诸多高效能系统正在被开发出来，作为有效成分应用于餐饮行业。研究者们也在一直努力创造更加高效的载体，同时保持商品的视觉效果与香气品质。本章旨在概述关于维持食品品质方面所涉及的各种应用，包括使用涂层形式的防腐剂，以及相关监管指南对于安全性的评估标准[21]。

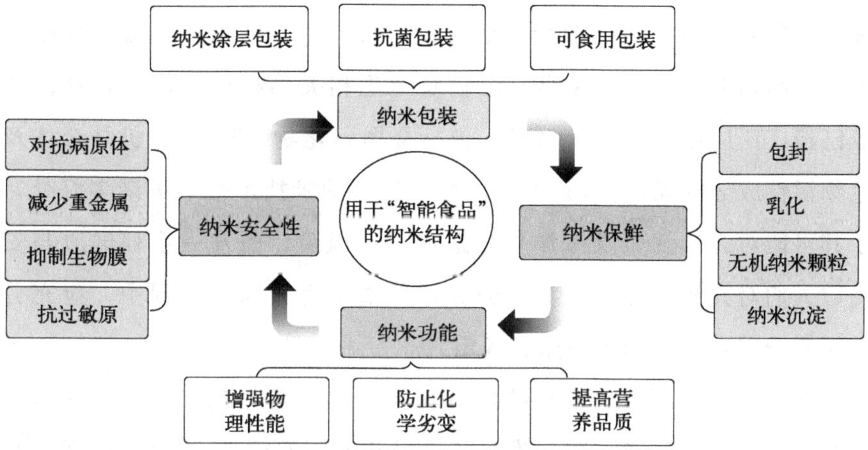

图 2-1　纳米材料在食品工业多个领域应用的系统性描述

近几十年来，纳米材料在食品领域的多种应用展现了良好的前景（图2-1），包括改善食品包装、延长食品保质期、提高食品安全性和提升食品质量等方面。换言之，与传统包装材料相比，纳米材料应用于食品包装具有三大优势：活性包装、智能包装及更优越的包装性能，这些创新开创了食品包装行业的新纪元。采用具备抗菌特性的纳米复合材料，通过接触活性物质进行包装的食品，可以有效抑制食物表面细菌的过度生长，从而提供高效的保护[22,23]。

食品加工涉及将原材料转化为可食用产品的一系列步骤，包括洗涤、切片、烹饪、巴氏杀菌、发酵和冷冻等过程。这一过程中常常需要添加各种添加剂，以延长保质期、防止毒素产生及预防疾病，同时增强食品保存效果和同质性[24]。经过加工处理后的产品更适合长途运输，并能够保持其风味与质量。因此，正确对待和储存这些配料至关重要，以防止因环境影响导致变质。在这一背景下，引入纳米粒子不仅能提供保护，还能随着各种物理和化学特性的变化，使包装材料呈现出独特且有益的性能。

纳米复合材料显著提升了机械强度与阻隔性能，相较于传统包装材料，其稳定性更高且可生物降解。此外，通过使用纳米黏土和层状硅酸盐，这些新型材料被开发出来以实现多功能应用[25,26]。如图 2-1 所示，本章系统地描述了纳米结构在多个领域中的应用。近年来，纳米技术极大地改变了多个与食品制造、包装、保存、运输及卫生相关的科学领域的发展。饮料行业已经广泛应用各类纳米材料，包括金属氧化物、有机-无机结合体及含有生物活性成分的无机金属[18]。然而，尽管纳米技术带来了诸多好处，但由于其可能对人体健康及海洋生态造成潜在风险，引发一系列健康与安全隐患，人们对其使用日益关注。因此，在整个生产加工流程中，应充分考虑健康安全因素以及相应的监管规定。

本章旨在为读者提供关于纳米材料在食品制造与包装行业中的基本理解，同时强调未来可能出现的发展机会及潜在风险[27]。据 Toker 等[28] 的研究，用于食品包装并具备生物杀灭特性的金属纳米颗粒包括 Zn（锌）、Ti（钛）、Cu（铜）、Au（金）和 Ag（银）。de Moura 等[29] 将基于羟丙基甲基纤维素（HPMC）的银纳米颗粒作为一种有效的杀菌剂用于食材包装。而 Sobhan 等[30] 则开发了一种在纤维素基础上集成银元素形成的新型抗菌膜，该膜表现出优异的导电性能，非常适合智能食品包装。众多研究结果显示，金或银纳米颗粒可以有效预防微生物污染，从而延长纳米材料包裹产品的保鲜期限。Sánchez-González 等[31] 探讨了壳聚糖与 HPMC 这类具有可生物降解性质的聚合物作为食品包装用纳米材料的可行性。他们还发现，无论是否加入佛手柑精油，壳聚糖与 HPMC 的组合均展现出最佳的理化性质。此外，各类脂质体、多孔立方体、生物聚合纳米颗粒，以及固态脂肪纳米颗粒（sln）、微凝胶、高分子薄膜都被广泛运用于此领域[32]。同时，也有如纳米纤维（Nanofiber）、纳米管（Nanotube）、富勒烯（Fullerene）和纳米须（Nanowhisker）等符合标准要求的食品级纳米粒子，通过封装、保护与释放化合物的方式来改善营养成分的有效性、使用性与一致性[33]。表 2-1 列出了不同类型的纳米制剂在食品保鲜加工中的应用情况。

表 2-1　不同类型的纳米制剂在食品工业中的应用

纳米粒子	纳米载体	方法	应用	参考文献
生物聚合物(多糖或蛋白质)	胶束	微乳液	含甘油酯的产品	[111]
纳米脂质体	脂质体	纳米封装	脂质抗氧化载体	[112]
纳米液滴	带有液滴的综合食品成分	纳米乳液	调味食品	[113]
碳纳米管、纤维素微纤丝及纳米黏土	具有增强型聚合物基体的纳米填料	纳米复合材料	生物相容性和可生物降解包装	[114]
聚乙二醇-聚乳酸纳米颗粒	甜菊糖苷	纳米封装	抗糖尿病营养保健品	[115]
可生物降解的纳米粒子	胶束，聚乳酸	纳米封装	运送药品、蛋白质和疫苗	[116]
BSA 纳米颗粒	儿茶素	纳米制剂	增加生物利用度和稳定性	[117]

一、纳米乳剂

纳米乳剂是由两种不相溶的液体与表面活性剂（如脂质、蛋白质或改性淀粉）混合而成。聚山梨酯、卵磷脂和糖脂等食用安全的表面活性剂在食品中被广泛用作乳化剂。这些物质对于稳定纳米乳剂至关重要，能够有效防止粒子因物理障碍而结块或因电荷作用而相互排斥，从而增加可装入乳液中的物质数量，并增强其在环境压力下的稳定性[34]。利用乳液技术制造纳米乳液的过程通常用于将生物活性物质封装于水溶胶分散体系中，这类分散体有时被称为纳米乳液，其液滴大小从50～200nm。一种液体以小颗粒形式分散在另一种不溶于水的油相中[35]。例如，可溶于水的食品活性成分，如多酚，可以包裹在油包水（W/O）型乳剂中，而膳食脂类、植物甾醇及β-胡萝卜素则属于亲脂性活性成分，适合通过水包油（O/W）型乳剂进行分布。纳米乳液不仅可以作为流体使用，还可以通过冷冻干燥和喷雾干燥等方法转化为粉末形态[36]。与传统乳剂相比，纳米乳剂是许多生物活性物质的理想载体，具有更高质量、更优异的物理稳定性和光学清晰度，以及更高的可行性[37]。此外，由于其巨大的比表面积和微小尺寸，纳米乳剂展现出更高的消化率，能够与胃肠道系统中的生物活性成分发生强烈的相互作用[38]。这些特性使得纳米乳液非常适合用于输送生物活性分子、疏水性药物以及营养保健品，例如调味油、人造甜味剂、ω-3脂肪酸、共轭亚油酸以及智能食品。同时，它们也能有效包裹疏水抗氧化成分，如β-胡萝卜素和姜黄素[37]。为了制造纳米乳液，高能量输入技术（如高剪切搅拌、超声波处理、高压均质机及微流化器）常被采用。这些方法通过快速且均匀地提供所需能量，生成最小尺寸的液滴[36]。

二、纳米脂质体

纳米脂质体在将矿物质、维生素、营养品和抗菌物质直接输送至特定靶点方面已显示出显著的效果。这主要归因于脂质体微小的尺寸，使其与生物组织之间的相互作用具有更大的比表面积，从而提高了纳米脂质体的生物利用度[39]。纳米脂质体被认为是一种有效增强食品抗菌活性的方法，过去曾用于将抗生素化合物精准转移到目标食品中。这一过程能够有效防止腐败及有害微生物的滋生，从而延长食品在货架上的保质期[40]。

细菌膜的性质、表面pH值、二价阳离子浓度以及温度等因素均会影响脂质体与细菌细胞之间的融合过程[41]。内吞作用、黏附现象及颗粒识别过程由非特异性受体所促进，这些非特异性受体同样有助于带负电荷脂质体的进入。此外，富含磷脂酰乙醇胺的革兰氏阴性细菌能增强与流动状态下脂质体之间的融合能力。该融合过程主要依赖于细菌膜中的脂质组成。为了实现对微生物的有效附着、有针对性的载荷分配，并抑制细菌的发展和复制，优化融合系统必须深入理解脂质体特性的影响[42]。

三、纳米封装

这种封装技术正在迅速发展，可能会对包括食品和制药在内的多个行业产生深远影响。胶囊是通过封装过程形成的，其中核心部件的微小颗粒被牢固地包裹在材料的外层。生物活性物质（如多酚、微量营养素、酶、抗氧化剂及营养品）采用封装方法进行保护，这不仅能控制在特定位置实现调节释放，还能有效防止最终产品受到不利环境因素的影响[43]。微胶囊的直径范围从 3～800μm 不等。纳米材料可以表现为纳米胶囊或纳米球，这些颗粒具有胶体大小，其尺寸范围从 10～100nm 不等[44]。纳米胶囊是一种包含生物活性化学物质的囊泡系统，而纳米球则是一种均匀分布生物活性化合物的基质系统。“纳米封装”这一术语指的是在纳米尺度范围内进行生物活性包装，并描述了一种将化合物包裹于微小尺寸中的方法[45]。颗粒大小直接影响生物活性成分通过食物输送至身体不同部位的效率。因此，与微胶囊相比，纳米胶囊在改善控释、提高生物利用度以及精确靶向生物活性化学成分方面展现出更高的潜力[36]。

四、纳米沉淀

溶剂置换是纳米沉淀技术的一个重要术语，其基本原理涉及药物、溶解的聚合物和有机溶剂在有机相中自发乳化并进入水相。在纳米沉淀过程中，有机溶剂向水介质扩散，而聚合物则从溶液中析出。这一过程形成了团簇纳米胶囊。

可生物降解的聚合物，如聚己内酯（PCL）、聚乳酸（PLA）、聚乙烯醇（PVA）、聚丙交酯-共聚甘油内酯（PLGA）和聚烷基氰基丙烯酸酯（PACA）等，已被广泛应用于相关领域[36,46]。

第二节 金属纳米颗粒基复合材料

一、纳米银粒子

银纳米颗粒是一种极具潜力的材料，广泛应用于食品包装等领域。生产纳米级银颗粒的方法主要包括非原位和原位技术。在可聚合配方中分散银纳米颗粒的过程涉及在非原位方法中使用硼氢化物进行还原。然而，该方法的一大局限性是对单分散纳米颗粒缺乏有效控制。相比之下，原位方法通过采用高度分散的前体，在可聚合环境中生成纳米颗粒[47]。例如，银盐（如硝酸银）被还原为直径可达几纳米的胶体银颗粒。这些聚集体的纳米粒子是通过化学还原产生的，而具有改善分散性的规则形状则是在制备过程中显著还原形成的，相较于相同体积的产品而言，更小尺寸的银纳米颗粒因其低氧化还原电位及其他特性而增强了释放 Ag^{+} 的能力[48]。此外，由于银纳米颗粒耐高温，且其对细菌具有广泛抑制作用，因此成为干洗剂和消毒溶液中的常用材料[49]。同时，它们对多种细菌展现出优异的抗菌性能，包括耐药细菌。用银处理过的聚合物薄膜一般具备抗菌特性，从而延长食品保质期。因此，这类聚合物薄膜能够促进纳米银扩散，为食品包装提供抗菌效果[50]。

根据 Lara 等[51] 的研究，银纳米颗粒具备阻止细菌生长的重要能力，这一发现促使许多研究人员近期开始探索各种类型的纳米颗粒。Biswas 等[52] 利用天然营养丰富的羽叶白头树叶子为软椰子水制备了绿色路线合成的银纳米颗粒（AgNPs）。Sobhan 等[30] 则发现基于纤维素纳米纤维（CNF）与活性炭（AC）的集成复合膜，可作为智能食品包装中的高导电性抗菌膜。

二、TiO_2

二氧化钛纳米颗粒的制备方法多种多样，其中最常用的是溶胶-凝胶法。

二氧化钛作为一种广泛研究的半导体，因其优异的紫外线阻挡能力而受到关注，它能够有效吸收短波长光，并且具有良好的光稳定性。在食品包装中，TiO_2 纳米粒子的加入不仅能保持聚合物薄膜的高透明度，还能防止紫外线对食品成分造成损害[16]。当暴露于 UVA 或黑光下时，TiO_2 纳米颗粒表现出显著的光催化活性，从而增强了其自我清洁能力，这使得它们具备抗菌特性。此外，有研究探讨了将二氧化钛掺入壳聚糖和聚乙烯醇以制备纳米复合材料在食品包装中的生物杀灭应用。结果表明，革兰氏阳性菌对 TiO_2 纳米颗粒展现出更强的敏感性[53]。

三、ZnO

无机金属氧化物（如氧化锌纳米颗粒）的大规模生产已通过多种技术实现，主要包括以机械化学为代表的化学合成法，以及以物理气相沉积（PVD）为代表的物理法。此外，氧化锌纳米颗粒的合成涉及多种前驱体介导的化学过程，以及水热、沉淀和热分解等方法[54]。由于其优异的阻挡紫外线和抗菌特性，氧化锌纳米颗粒在食品安全包装中越来越受到关注，并且相较于银纳米颗粒，其成本更为低廉[55]。ZnO 纳米粒子的抗菌活性是在接触或穿透微生物细胞时被激发的。研究表明，氧化锌对微生物的抑制能力与其浓度密切相关，因此，通过调整氧化锌的浓度可能具有显著的杀菌效果。根据 Pirsa 等[56] 的研究，将修饰过的细菌纤维素膜聚吡咯-氧化锌纳米复合材料（BC-PPY-ZnO）应用于鸡腿内，可以通过控制 pH 值升高来有效防止微生物生长，从而作为一种智能活性食品包装材料。氧化锌具有由可见光激发产生的抗菌活性，并且随着纳米颗粒尺寸减小，该活性会变得更加显著[57]。

四、碳纳米管

碳纳米管（CNTs）由碳原子构成，呈现为直径在纳米范围内的空心管结构[58]。它们可以分为单壁和多壁碳纳米管两种类型。碳纳米管不仅用于提升食品包装中高分子材料的机械性能，还因其能够破坏膜细胞，对细菌细胞造成不可逆损伤，因此被视为一种有效的抗菌剂[59]。

五、铜和氧化铜

铜（二价）羧酸肼在水溶液中通过两种热和声化学方法被还原为铜纳米颗粒[60]。由于 CuO/Cu^{2+} 的低还原电位，铜纳米粒子快速氧化。我们可以合理地预测，纳米颗粒的微小尺寸能够有效地分散于水溶液中，并结合铜的特性，从而增强其消毒效果。由于流动性的增加，释放出的铜离子能够更容易接触并与细胞膜发生相互作用。CuO 通常通过 $NaBH_4$ 进行还原制备，这使得 CuO 在铵溶液中迅速氧化，并展现出良好的抗菌性能[61,62]。

六、金

金纳米颗粒（AuNPs）的合成在过去几十年中取得了显著进展。AuNPs 在工业和生物领域的应用日益广泛。由于其惰性、无毒特性以及药用和抗菌性能，AuNPs 被广泛用于新近开发的纳米包装技术中。AuNPs 较高的表面积体积比增强了它们与生物分子及细菌细胞之间的相互作用，从而促进了细菌的降解过程[63]。

第三节　纳米材料提高食品保质期的机理

食品保存如今已成为一个高度跨学科的过程，涵盖多个阶段，包括种植、收集、制造、包装和交付。在食品生产与加工的各个环节中，采用综合性方法将有助于提升食品的保存效果。现代食品保鲜技术涉及复杂的方法和程序，其目的是延长食品的保质期、保证其质量，并确保食品安全，如表 2-2 所示。为了解决与食品变质、污染及劣变相关的问题，这些技术常常利用科学技术的进步[88]。

表 2-2　蔬菜水果保鲜中纳米材料的常见用途概述

产品	纳米组件	效果	参考文献
胡萝卜	ZnO 纳米颗粒	纳米氧化锌可将保质期延长至 40 天以上，同时在储存期间减少菌落形成单位总数	[104]
苹果	ZnO 纳米颗粒	用纳米包装的鲜切苹果比用传统聚氯乙烯薄膜包装的苹果保质期长 6 天	[105]
蘑菇	海藻酸盐/银纳米颗粒	与对照组相比，在(4±1)℃的温度下储存 16 天后，纳米涂层显著提高了蘑菇的营养含量，并降低了电解质的渗出速率	[106]
草莓	ZnO 纳米颗粒	氧化锌有效抑制了微生物的生长，并减轻了重量的减少，同时保持了草莓的有益特性	[107]
石榴	ZnO 纳米颗粒	纳米涂层可降低重量和总酵母菌含量	[108]
黄瓜	壳聚糖	壳聚糖纳米颗粒包被黄瓜的抗氧化活性和储存期可能有所提高	[109]
猕猴桃	ZnO 纳米颗粒	与对照处理相比，纳米氧化锌包衣猕猴桃产品乙烯浓度更低，水分流失更少，同时保持其质地	[110]
菠萝汁和西瓜汁	Cu 纳米颗粒	具有卓越的抗真菌作用，减少腐败酵母菌和霉菌	[60]
核桃	Ag 纳米颗粒	对氧气和水蒸气扩散具有高阻隔性的食品包装材料	[111]
橙汁	Ag 和 ZnO 纳米颗粒	有效降低植物乳杆菌的生长速率	[55]
甜瓜汁、猕猴桃汁和苹果汁	Ag 纳米颗粒	霉菌、酵母菌和其他活微生物数量减少	[50]

纳米技术是研究通过改变原子或分子的结构，以及在 1～100nm 范围内的纳米结构，以生产和使用具有独特特性的材料。这些制造出的纳米颗粒使得在纳米尺度上对材料进行研究和修饰成为可能，由于这些制备的纳米

颗粒拥有一维或多维在 1～100nm 之间的外部或内部结构，该特征使得科研人员得以在纳米尺度上对材料进行研究和修饰。这些材料与其宏观等价物存在显著差异，主要体现在较大的表面体积比以及特殊的生理化学特性，包括强度、颜色、溶解度、扩散性、磁性以及光学和热力学性质[89]。因此，该加工过程能够生成更稳定且有效的功能性食品，同时保留生物活性成分，如蛋白质、维生素、抗氧化剂及碳水化合物。

现代纳米技术在食品领域最广泛地应用于包装材料[16,90]。在“智能”与“活性”食品包装中应用纳米技术，相较传统方法提供了诸多优势，例如提高机械强度、防护性能及形成抗菌涂层。此外，还可用于病原体检测及传递食品安全状态信息[91]。涂覆有可食用纳米颗粒的各种成分不仅能维持食品的风味和颜色，还能作为抗氧化剂和酶，以及防止食物褐变。同时，它们也可以充当水分与气体交换的屏障，即便在包装打开后，也能延长产品的保质期[92]。乳化过程则是通过界面活性剂将两种不相溶液体结合起来，此方法允许脂质被包裹入含水介质中，反之亦然，从而形成液滴（即分散相)，并随后将其均匀地分散至连续相中[93]。而溶剂置换法，又称为纳米沉淀法，是通过自发乳化有机内相进入水相来实现的，其中水相由药物、可溶性聚合物及有机溶剂组成。在此过程中，有机溶剂渗透至水中，同时利用该方法从溶液中析出聚合物。

超临界抗溶剂沉淀法包括将生物活性成分与聚合物溶解于超临界流体中，然后借助喷雾器进行喷雾。随着喷射过程持续进行，超临界流体蒸发，使得溶质颗粒析出[94]。许多产物，包括但不限于纳米颗粒、纳米脂质体、纳米乳液以及纳米纤维，都可以作为构建其他更复杂结构的重要基础。

用于食品中的纳米材料通常由有机与无机材料制备而成，其中以蛋白质、脂质或碳水化合物系统作为载体尤为普遍。然而，由于复杂的化学或热处理限制了基于蛋白质及碳水化合物类胶囊的大规模生产，脂质类载体因其工业生产潜力大、毒性小的优点以及更高的封装效率而成为首选[95]。此外，果蔬品质特征与包装品质之间存在直接关联（见图 2-2）。本章接下来介绍延长保鲜期相关策略的一些基本思想，这些策略均依赖于先进的纳米技术。

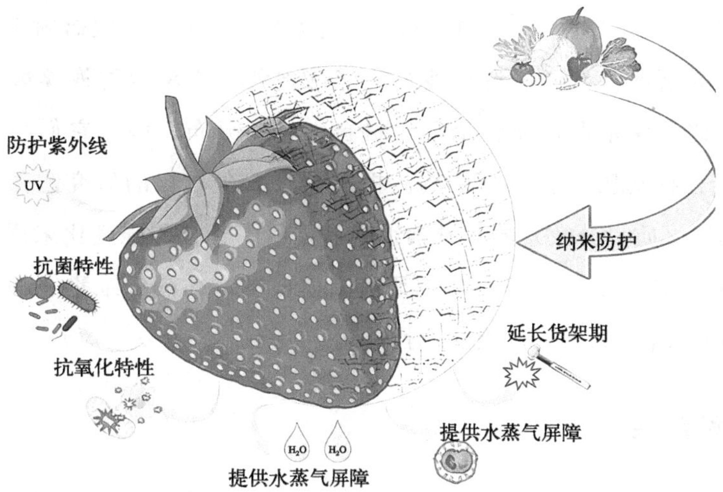

图 2-2　涂层特性与果蔬质量特征直接相关

一、阻隔性能

含有纳米颗粒的复合材料展现出优越的“量子力学”特性，例如改善的屏障性能，通常优于传统保存材料[96]。这是由于纳米颗粒具有较大的比表面积，并且所需添加量相对较少，从而与聚合物形成强界面接触。因此，与纯聚合物相比，纳米复合材料在保质期效应方面表现更为显著[97]。此外，纳米粒子与大分子的结合增强了纳米复合材料在保持气体成分、湿度以及存储微环境温度稳定性方面的能力，从而提供了卓越的屏障性能[98]。

二、机械性能

纳米颗粒与基体之间的有效相互作用，如离子键和氢键的相互作用，与纳米复合材料力学性能的增强密切相关。此外，纳米颗粒与基体接触处的应力传递得到了显著加强。通过向包装材料中添加纳米颗粒[99]，可以实现水果和蔬菜更稳定的单位包装，并提高其机械性能[100]。

根据 Abdollahi 等[100] 的研究，通过添加纳米颗粒，复合材料的力学性能得到了显著改善，这一过程涉及从纤维素到生物聚合物海藻酸盐基质的转变。纤维素纳米颗粒在整个复合材料中均匀分布，因为它们与海藻酸盐的生物聚合物基质具有多糖结构。根据 Khan 等[101] 的研究，壳聚糖薄膜中添加 5%（质量分数）的纤维素纳米晶体后，其拉伸强度比未添加纤维素时增加了 26%。Cheng 等[102] 的研究表明，纳米结晶纤维素能够显著增强瓜尔胶-纳米纤维素膜的硬度和弹性模量。

三、热稳定性

在聚合物基质与纳米颗粒之间，聚合物分子重新排列形成有序结构，从而增强了热性能，提高了基体的能量。结果表明，复合材料展现出更高的熔融温度、更强的热变形能力以及更高的聚合物结晶温度。纳米复合材料的热特性对于后处理程序（如巴氏消毒新鲜水果和蔬菜）至关重要，以延长其保质期[102]。

四、光催化性能

大多数光催化纳米材料是具有独特电子结构的半导体，主要包括金属氧化物和硫化物。半导体纳米材料通常具备较低的能价带和高能导带之间的带隙。在光照条件下，光催化纳米材料能够激发电子，从而产生高度活跃的电子-空穴对[91]。这些电子-空穴对与水分子及溶解氧发生相互作用，其中最常用于保持蔬菜和水果营养价值的光催化剂材料为纳米 TiO_2。此外，在储存过程中，水果和蔬菜可能会释放乙烯等气体，这些气体会加速其氧化分解过程[103]。

第四节　纳米材料在食品保鲜中的应用

纳米技术正在革新食品保鲜领域，通过其独特的物理化学特性，显著提升保鲜效果并减少浪费。以下是几个关键应用：

（1）表面反黏附涂层　应用纳米材料（如仿荷叶微纳结构）处理包装表面，减少食品残留，同时集成纳米银等抗菌成分，延长水果等易腐食品的保质期。

（2）可食用纳米纤维素膜　从竹子等天然材料中提取纳米纤维素，喷施后形成可食用保护膜，阻隔氧气、调节呼吸水分，并具备抗菌预警功能，延长果蔬保鲜期。

（3）纳米抗菌薄膜　利用纳米粒子（如光触媒）释放的活性氧破坏微生物细胞，实现广谱抗菌，尤其适用于冰箱涂层或肉类包装，抑制霉菌和致病菌生长。

（4）智能环境调控包装　使用纳米多孔膜或复合材料调控包装内气体（如 CO_2/O_2 比例）和湿度，创造保鲜微环境，减少水分蒸发及氧化，延长食品新鲜时间。

参考文献

［1］ Abid J. Rehman A，Muhammad Touqeer M，et al. Food Preservation Methods and Use of Nanomaterials as a Preservative. Xisdxjxsu. Asia 2022，18（12）：1057-1074.

［2］ Pathakoti K，Manubolu M，Hwang H M. Nanostructures：Current Uses and Future Applications in Food Science. J Food Drug Anal，2017，25（2），245-253.

［3］ Baranwal A，Srivastava A，Kumar P，et al. Prospects of Nanostructure Materials and Their Composites as Antimicrobial Agents. Front Microbiol，2018，9（9）：422.

［4］ Fu P P. Introduction to the Special Issue：Nanomaterials-Toxicology and Medical Applications. J Food Drug Anal，2014，22（1）：1-2.

［5］ Weiss J，Takhistov P，McClements D J. Functional Materials in Food Nanotechnology. J Food

Sci，2006，71（9）：107-116.

[6] Joshi H，Choudhary P，Mundra S L，et al. Future Prospects of Nanotechnology in Agriculture. International Journal of Chemical Studies，2020，n/a.

[7] Pradhan N，Singh S，Ojha N，et al. Facets of Nanotechnology as Seen in Food Processing，Packaging，and Preservation Industry. Biomed Res Int，2015，1.

[8] Zhang M，Xiao H. Mechanisms and Engineering Research on the Processing，Storage，and Preservation of Fresh Food. Foods，2023，12：4402.

[9] Adabi M，Naghibzadeh M，Adabi M，et al. Biocompatibility and Nanostructured Materials：Applications in Nanomedicine. Artificial Cells，Nanomedicine，and Biotechnology，2017，45：833.

[10] Huang Q，Yu H，Ru Q. Bioavailability and Delivery of Nutraceuticals Using Nanotechnology. J Food Sci，2010，75（1）：50-57.

[11] Huang L，Zhang M. Trends in Development of Dried Vegetable Products as Snacks. Drying Technology，2012，30：448.

[12] Azlin-Hasim S，Cruz-Romero M C，Morris M A，et al. Spray Coating Application for the Development of Nanocoated Antimicrobial Low-Density Polyethylene Films to Increase the Shelf Life of Chicken Breast Fillets. Food Sci Technol Int，2018，24（8）：688-698.

[13] de Almeida Roger J，Magro M，Spagnolo S，et al. Antimicrobial and Magnetically Removable Tannic Acid Nanocarrier：A Processing Aid for Listeria Monocytogenes Treatment for Food Industry Applications. Food Chem，2018，267：430-436.

[14] Piran P，Kafil H S，Ghanbarzadeh S，et al. Formulation of Menthol-Loaded Nanostructured Lipid Carriers to Enhance Its Antimicrobial Activity for Food Preservation. Adv Pharm Bull，2017，7（2）：261-268.

[15] Jadhav R，Pawar P，Choudhari V，et al. An Overview of Antimicrobial Nanoparticles for Food Preservation. Mater. Today Proc，2023，72，204-216.

[16] Duncan T V. Applications of Nanotechnology in Food Packaging and Food Safety：Barrier Materials，Antimicrobials and Sensors. J Colloid Interface Sci，2011，363（1），1-24.

[17] Gupta R K，Gawad F A，Ali E A E，et al. Nanotechnology：Current Applications and Future Scope in Food Packaging Systems. Meas Food，2024，13：100131.

[18] Nile S H，Baskar V，Selvaraj D，et al. Nanotechnologies in Food Science：Applications，Recent Trends，and Future Perspectives；Springer Singapore，2020，12. DOI：10. 1007/s40820-020-0383-9.

[19] Sunanda K, Praveenanjali T. Nanotechnology in Food Industry: Current Trends and Future Prospects. IJS, 2024, 13 (3): 544-549.

[20] Pattnaik R, Panda S K, Biswas S, et al. Discover Nano Prospects and Challenges of Nanomaterials in Sustainable Food Preservation and Packaging: A Review. Discover Nano, 2024.

[21] Moher D, Liberati A, Tetzlaff J, et al. Preferred Reporting Items for Systematic Reviews and Meta-Analyses: Ann Intern Med. 2009, 151 (4): 264-269.

[22] Bumbudsanpharoke N, Choi J, Ko S. Applications of Nanomaterials in Food Packaging. J Nanosci. Nanotechnol, 2015, 15 (9): 6357-6372.

[23] Singh T, Shukla S, Kumar P, et al. Application of Nanotechnology in Food Science: Perception and Overview. Front Microbiol, 2017, 8: 1-7.

[24] Onyeaka H, Passaretti P, Miri T, et al. The Safety of Nanomaterials in Food Production and Packaging. Curr. Res. Food Sci, 2022, 5 (April): 763-774.

[25] Ashfaq A, Khursheed N, Fatima S, et al. Application of Nanotechnology in Food Packaging: Pros and Cons. J Agric Food Res, 2022, 7: 100270.

[26] Ahari H, Anvar A A, Ataee M, et al. Employing Nanosilver, Nanocopper, and Nanoclays in Food Packaging Production: A Systematic Review. Coatings, 2021, 11: 509.

[27] Bajpai V K, Kamle M, Shukla S, et al. Prospects of Using Nanotechnology for Food Preservation, Safety, and Security. J Food Drug Anal, 2018, 26 (4): 1201-1214.

[28] Toker R D, Kayaman-Apohan N, Kahraman M V. UV Curable Nano-Silver Containing Polyurethane Based Organic Inorganic Hybrid Coatings. Prog Org Coatings, 2013, 76: 1243-1250.

[29] de Moura M R, Mattoso L H C, Zucolotto V. Development of Cellulose-Based Bactericidal Nanocomposites Containing Silver Nanoparticles and Their Use as Active Food Packaging. Journal of Food Engineering, 2012, 109: 520-524.

[30] Sobhan A, Muthukumarappan K, Wei L, Van Den Top T, et al. Development of an Activated Carbon-Based Nanocomposite Fi Lm with Antibacterial Property for Smart Food Packaging. Mater. Today Commun, 2020, 23: 101124.

[31] Sánchez-González L, Pastor C, Vargas M, et al. Effect of Hydroxypropylmethyl cellulose and Chitosan Coatings with and without Bergamot Essential Oil on Quality and Safety of Cold-Stored Grapes. Postharvest Biology and Technology 2011, 60: 57-63.

[32] Cushen M, Kerry J, Morris M, et al. Nanotechnologies in the Food Industry-Recent Developments, Risks and Regulation. Trends Food Sci Technol, 2012, 24 (1): 30-46.

[33] Quintanilla-Carvajal M X, Camacho-Díaz B H, Meraz Torres L S, et al. Nanoencapsulation:

A New Trend in Food Engineering Processing. Food Eng Rev, 2010, 2 (1): 39-50.

[34] Gupta A, Eral H B, Hatton T A, et al. Nanoemulsions: Formation, Properties and Applications. Soft Matter, 2016, 12 (11), 2826-2841.

[35] Sanguansri P, Augustin M A. Nanoscale Materials Development-a Food Industry Perspective. Trends Food Sci Technol, 2006, 17 (10): 547-556.

[36] Ezhilarasi P N, Karthik P, Chhanwal N, et al. Nanoencapsulation Techniques for Food Bioactive Components: A Review Food Bioprocess Technol, 2013, 6 (3): 628-647.

[37] McClements D J, Rao J. Food-Grade Nanoemulsions: Formulation, Fabrication, Properties, Performance, Biological Fate, and Potential Toxicity. Crit Rev Food Sci Nutr, 2011, 51 (4): 285-330.

[38] Salvia-Trujillo L, Qian C, Martín-Belloso O, et al. Influence of Particle Size on Lipid Digestion and β-Carotene Bioaccessibility in Emulsions and Nanoemulsions. Food Chem, 2013, 141 (2): 1472-1480.

[39] Mozafari M R, Khosravi-Darani K, Borazan G G, et al. Encapsulation of Food Ingredients Using Nanoliposome Technology. Int J Food Prop, 2008, 11 (4): 833-844.

[40] Bhuyan D, Greene G W, Das R K. Prospects and Application of Nanobiotechnology in Food Preservation: Molecular Perspectives. Crit Rev Biotechnol, 2019, 39 (6): 759-778.

[41] Taherkhani S, Mohammadi M, Daoud J, et al. Covalent Binding of Nanoliposomes to the Surface of Magnetotactic Bacteria for the Synthesis of Self-Propelled Therapeutic Agents. ACS Nano, 2014, 8 (5): 5049-5060.

[42] Ma Y, Wang Z, Zhaoet al. Enhanced Bactericidal Potency of Nanoliposomes by Modification of the Fusion Activity between Liposomes and Bacterium. Int J Nanomedicine, 2013, 8: 2351-2360.

[43] Gouin S. Microencapsulation: Industrial Appraisal of Existing Technologies and Trends. Trends Food Sci Technol, 2004, 15 (7-8): 330-347.

[44] Konan Y N, Gurny R, Allémann E. Preparation and Characterization of Sterile and Freeze-Dried Sub-200 Nm Nanoparticles. Int J Pharm, 2002, 233 (1-2): 239-252.

[45] Lopez-Rubio A, Gavara R, Lagaron J M. Bioactive Packaging: Turning Foods into Healthier Foods through Biomaterials. Trends Food Sci Technol, 2006, 17 (10): 567-575.

[46] Pinto Reis C, Neufeld R J, Ribeiro A J, et al. Nanoencapsulation I. Methods for Preparation of Drug-Loaded Polymeric Nanoparticles. Nanomedicine Nanotechnology Biol Med, 2006, 2 (1): 8-21.

［47］ De Azeredo H M C. Antimicrobial Nanostructures in Food Packaging. Trends Food Sci Technol，2013，30（1）：56-69.

［48］ Cushen M，Kerry J，Morris M，et al. Migration and Exposure Assessment of Silver from a PVC Nanocomposite. Food Chem，2013，139（1-4）：389-397.

［49］ Birla S S，Tiwari V V，Gade A K，et al. Fabrication of Silver Nanoparticles by Phoma Glomerata and Its Combined Effect against Escherichia Coli，Pseudomonas Aeruginosa and Staphylococcus Aureus. Lett Appl Microbio，2009，48（2）：173-179.

［50］ Lloret E，Picouet P，Fernández A. LWT-Food Science and Technology Matrix Effects on the Antimicrobial Capacity of Silver Based Nanocomposite Absorbing Materials. LWT-Food Sci Technol，2012，49（2），333-338.

［51］ Lara H H，Ayala-Nunez N V，Ixtepan Turrent L d C，et al. Bactericidal Effect of Silver Nanoparticles against Multidrug-Resistant Bacteria. World J Microbiol Biotechnol，2010，26（4）：615-621.

［52］ Biswas K，Mohanta Y K，Kumar V B，et al. Saudi Journal of Biological Sciences Nutritional Assessment Study and Role of Green Silver Nanoparticles in Shelf-Life of Coconut Endosperm to Develop as Functional Food. Saudi J Biol Sci，2020，27（5）：1280-1288.

［53］ Xing Y，Li X，Zhang L，et al. Progress in Organic Coatings Effect of TiO_2 Nanoparticles on the Antibacterial and Physical Properties of Polyethylene-Based Film. Progress in Organic Coatings，2012，73：219-224.

［54］ Espitia P J P，Soares N d F F，Coimbra J S d R，et al. Zinc Oxide Nanoparticles：Synthesis，Antimicrobial Activity and Food Packaging Applications. Food Bioprocess Technol，2012，5：1447-1464.

［55］ Emamifar A，Kadivar M，Shahedi M，et al. Effect of Nanocomposite Packaging Containing Ag and ZnO on Inactivation of Lactobacillus Plantarum in Orange Juice. Food Control，2011，22（3-4）：408-413.

［56］ Pirsa S，Shamusi T. Intelligent and Active Packaging of Chicken Thigh Meat by Conducting Nano Structure CellulosePolypyrrole-ZnO Film. Mater Sci Eng C，2019，102：798-809.

［57］ Yamamoto O. Influence of Particle Size on the Antibacterial Activity of Zinc Oxide. International Journal of Inorganic Materials，2001，3：643-646.

［58］ Liao Y，Zhang R，Qian J. Printed electronics based on inorganic conductive nanomaterials and their applications in intelligent food packaging. RSC Adv，2019，9：29154-29172.

［59］ Kang S，Pinault M，Pfefferle L D，et al. SingleWalled Carbon Nanotubes Exhibit Strong Antimicrobial Activity. Langmuir, 2007, 23 (14): 8670-8673.

[60] Llorens A, Lloret E, Picouet P, et al. International Journal of Food Microbiology Study of the Antifungal Potential of Novel Cellulose/Copper Composites as Absorbent Materials for Fruit Juices. Int J Food Microbiol, 2012, 158 (2): 113-119.

[61] Conte A, Longano D, Costa C, et al. A Novel Preservation Technique Applied to Fi Ordilatte Cheese. Innovative Food Science & Emerging Technologies, 2013, 19: 158-165.

[62] Emamhadi M A, Sarafraz, M, Akbari M, et al. Nanomaterials for Food Packaging Applications: A Systematic Review. Food Chem Toxicol, 2020, 146: 111825.

[63] Paidari S, Ibrahim S A. Potential Application of Gold Nanoparticles in Food Packaging: A Mini Review Gold Bull, 2021, 54: 31-36.

[64] Jeevahan J, Chandrasekaran M. Nanoedible Films for Food Packaging: A Review J Mater Sci, 2019, 54 (19): 12290-12318.

[65] Ghanbarzadeh B, Oleyaei S A, Almasi H. Nano-Structured Materials Utilized in Biopolymer Based Plastics for Food Packaging Applications. Critical Reviews in Food Science and Nutrition, 2014, 55 (12): 1699-1723.

[66] Silvestre C, Duraccio D, Cimmino S. Food Packaging Based on Polymer Nanomaterials. Prog. Polym Sci, 2011, 36 (12): 1766-1782.

[67] Muller P, Schmid M. Intelligent Packaging in the Food Sector: A Brief Overview. Foods, 2019, 8 (1): 16.

[68] Hannon J C, Kerry J, Cruz-romero M, et al. Advances and Challenges for the Use of Engineered Nanoparticles in Food Contact Materials. Trends in Food Science & Technology, 2015, 43 (1): 43-62.

[69] Arora A, Padua G W. Review: Nanocomposites in Food Packaging. Journal of Food Science, 2010, 75 (1): 43-49.

[70] Yu Z, Li B, Chu J, et al. Silica in Situ Enhanced PVA/Chitosan Biodegradable Fi Lms for Food Packages. Carbohydr Polym, 2018, 184: 214-220.

[71] Swaroop C, Shukla M. International Journal of Biological Macromolecules Nano-Magnesium Oxide Reinforced Polylactic Acid Bio Fi Lms for Food Packaging Applications. Int J Biol Macromol, 2018, 113: 729-736.

[72] Medina-Jaramillo C, Ochoa-yepes O, Bernal C, et al. Active and Smart Biodegradable Packaging Based on Starch and Natural Extracts. Carbohydr Polym, 2017, 176 (May): 187-194.

[73] Dekkers S, Krystek P, Peters R J B, et al. Presence and Risks of Nanosilica in Food

Products. Nanotoxicology，2011，5 (3)：393-405.

[74] Jawad M，Schoop R，Suter A，et al. Perfil de Eficaciay Seguridad de Echinacea Purpurea En La Prevencion de Episodios de Resfriado Comun：Estudio Clinico Aleatorizado，Doble Ciego y Controlado Con Placebo. Rev Fitoter，2013，13 (2)：125-135.

[75] de S，Medeiros B G，Souza M P，et al. Physical Characterisation of an Alginate/Lysozyme Nano-Laminate Coating Physical Characterisation of an Alginate/Lysozyme NanoLaminate Coating and Its Evaluation on ‘Coalho’ Cheese Shelf Life. Food Bioprocess Technol，2013，7 (4)：1088-1098.

[76] Bajpai V K，Kamle M，Shukla S，et al. Prospects of Using Nanotechnology for Food Preservation，Safety，and Security. J Food Drug Anal，2018，26 (4)：1201-1214.

[77] Fakhouri F M，Casari A C A，Mariano M，et al. Effect of a Gelatin Based Edible Coating Containing Cellulose Nanocrystals (CNC) on the Quality and Nutrient Retention of Fresh Strawberries during Storage. IOP Conference Series：Materials Science and Engineering，2014，64：012024.

[78] Johnston C T. Probing the Nanoscale Architecture of Clay Minerals. Clay miner，2010，45 (3)：245-279.

[79] Sarwar M S，Niazi M B K，Jahan，Z，et al. Preparation and Characterization of PVA/Nanocellulose/Ag Nanocomposite Fi Lms for Antimicrobial Food Packaging. Carbohydr Polym，2018，184：453-464.

[80] Terzi R，Rizzo A，Valerini D，et al. Aluminum-doped zinc oxide coatings on polylactic acid films for antimicrobial food packaging. Thin Solid Films，2018，645：187-192.

[81] Lu W C，Huang D W，Wang C C R，et al. Preparation，characterization，and antimicrobial activity of nanoemulsions incorporating citral essential oil. J Food Drug Anal，2018，26 (1)：82-89.

[82] Cao X L，Cheng C，Ma Y L，et al. Preparation of silver nanoparticles with antimicrobial activities and the researches of their biocompatibilities. Journal of Materials Science：Materials in Medicine，2010，21：2861-2868.

[83] Arfat Y A，Ahmed J，Hiremath N，et al. Thermo-Mechanical，Rheological，Structural and Antimicrobial Properties of Bionanocomposite Films Based on Fish Skin Gelatin and Silver-Copper Nanoparticles. Food Hydrocoll，2017，62：191.

[84] Amjadi S，Emaminia S，Heyat Davudian S，et al. Preparation and Characterization of Gelatin-Based Nanocomposite Containing Chitosan Nano Fi Ber and ZnO Nanoparticles. Carbohydr

Polym，2019，216 (March)：376-384.

[85] Primozic M，Knez Z，Leitgeb M. (Bio) Nanotechnology in Food Science Food Packaging. Nanomaterials，2021，11 (2)：292.

[86] Ahmadi A，Ahmadi P，Ehsani A. Development of an Active Packaging System Containing Zinc Oxide Nanoparticles for the Extension of Chicken Fillet Shelf Life. Food Science & Nutrition，2020，8 (10)：5461-5473.

[87] He X，Deng H，Hwang H. ScienceDirect The Current Application of Nanotechnology in Food and Agriculture. J Food Drug Anal，2019，27 (1)：1-21.

[88] Amit S K，Uddin M，Rahman R，et al. A Review on Mechanisms and Commercial Aspects of Food Preservation and Processing. Agric Food Secur，2017，6：1-23.

[89] Rzigalinski B A，Carfagna C S，Ehrich M. Cerium Oxide Nanoparticles in Neuroprotection and Considerations for Ef Fi Cacy and Safety. WIREs Nanomed Nanobiotechnol，2016，9 (4)：n/a.

[90] Sekhon B S. Food Nanotechnology-an overview. Nanotechnol Sci Appl，2010，3：1-15.

[91] Liu W，Zhang M，Bhandari B. Nanotechnology-A Shelf Life Extension Strategy for Fruits and Vegetables. Crit Rev Food Sci Nutr，2019，60，1706-1721.

[92] Weiss J，Takhistov P，McClements D J. Functional Materials in Food Nanotechnology. Journal of Food Science，2006，71 (9)：107-116.

[93] Ezhilarasi P N，Karthik P，Chhanwal N，et al. Nanoencapsulation Techniques for Food Bioactive Components：A Review. Food Bioprocess Technol，2013，6 (3)：628-647.

[94] Pinto Reis C，Neufeld R J，Ribeiro A J，et al. Nanoencapsulation I. Methods for Preparation of Drug-Loaded Polymeric Nanoparticles. Nanomedicine：Nanotechnology，Biology and Medicine，2006，2 (1)：8-21.

[95] Fathi M，Mozafari M R，Mohebbi M. Nanoencapsulation of Food Ingredients Using Lipid Based Delivery Systems. Trends Food Sci Technol，2012，23 (1)：13-27.

[96] Sanchez-Garcia M D，Lopez-Rubio A，Lagaron J M. Natural Micro and Nanobiocomposites with Enhanced Barrier Properties and Novel Functionalities for Food Biopackaging Applications. Trends in Food Science & Technology，2010，21 (11)：528-536.

[97] Khan A，Khan R A，Salmieri S，et al. Mechanical and Barrier Properties of Nanocrystalline Cellulose Reinforced Chitosan Based Nanocomposite Films. Carbohydrate Polymers，2012，90 (4)：1601-1608.

[98] Mihindukulasuriya S D F，Lim L. Nanotechnology Development in Food Packaging：A Review. Trends in Food Science & Technology，2014，40 (2)：149-167.

[99] Sanchez-garcia M D, Lagaron J M, Hoa S V. Effect of Addition of Carbon Nanofibers and Carbon Nanotubes on Properties of Thermoplastic Biopolymers. Compos Sci Technol, 2010, 70 (7): 1095-1105.

[100] Aghdam M S, Sevillano L, Flores F B, et al. Heat Shock Proteins as Biochemical Markers for Postharvest Chilling Stress in Fruits and Vegetables. Sci. Hortic. (Amsterdam). 2013, 160: 54-64.

[101] Khan A, Khan R A, Salmieri S, et al. Mechanical and Barrier Properties of Nanocrystalline Cellulose Reinforced Chitosan Based Nanocomposite Films. Carbohydr. Polym. 2012, 90 (4): 1601-1608.

[102] Cheng S, Zhang Y, Cha R, et al. Water-soluble nanocrystalline cellulose films with highly transparent and oxygen barrier properties. Nanoscale, 2016, 8 (2): 973-978.

[103] Mihindukulasuriya S D F, Lim L T. Nanotechnology Development in Food Packaging: A Review. Trends Food Sci, Technol, 2014, 40 (2): 149-167.

[104] Xu J, Zhang M, Bhandari B, et al. PT. Innov Food Sci Emerg Technol, 2017, 44: 46.

[105] Li X, Li W, Jiang Y, et al. Effect of Nano-ZnO-Coated Active Packaging on Quality of Fresh Cut Fuji Apple. Int J of Food Sci Tech, 2011, 46 (9): 1947-1955.

[106] Jiang T, Feng L, Wang Y. Effect of Alginate/Nano-Ag Coating on Microbial and Physicochemical Characteristics of Shiitake Mushroom (Lentinus Edodes) during Cold Storage. Food Chem, 2013, 141 (2): 954-960.

[107] Sogvar O B, Koushesh Saba M, Emamifar A, et al. Influence of Nano-ZnO on Microbial Growth, Bioactive Content and Postharvest Quality of Strawberries during Storage. Innov Food Sci Emerg Technol, 2016, 35: 168-176.

[108] Koushesh Saba M, Amini R. Nano-ZnO/Carboxymethyl Cellulose-Based Active Coating Impact on Ready-to-Use Pomegranate during Cold Storage. Food Chem, 2017, 232: 721-726.

[109] Mohammadi A, Hashemi M, Hosseini S M. Postharvest Treatment of Nanochitosan-Based Coating Loaded with Zataria Multi Fl Ora Essential Oil Improves Antioxidant Activity and Extends Shelf Life of Cucumber. Innov Food Sci Emerg Technol, 2016, 33: 580-588.

[110] Meng X, Zhang M, Adhikari B. The Effects of Ultrasound Treatment and Nano-Zinc Oxide Coating on the Physiological Activities of Fresh-Cut Kiwifruit. Food Bioprocess Technol, 2013, 7: 126-132.

[111] Tajeddin B, Ramedani N, Mirzaei H. Preparation and Characterization of a Bio-Nano-Polymer Film for Walnut Packaging. Polyolefins Journal, 2019, 6 (2): 159-167.

[112] Bouyer E, Mekhloufi G, Rosilio V, et al. Proteins, Polysaccharides, and Their Complexes Used as Stabilizers for Emulsions: Alternatives to Synthetic Surfactants in the Pharmaceutical Field International, Journal of Pharmaceutics, 2012, 436: 359-378.

[113] Ghorbanzade T, Jafari S M, Akhavan S, et al. Nanoencapsulation of fish oil in nano-liposomes and its application in fortification of yogurt. Food Chemistry 2017, 216: 146-152.

[114] Shahavi M H, Hosseini M, Jahanshahi M, et al. Evaluation of Critical Parameters for Preparation of Stable Clove Oil Nanoemulsion. Arabian Journal of Chemistry, 2019, 12: 3225-3230.

[115] Pathakoti K, Manubolu M, Hwang H. Nanostructures: Current Uses and Future Applications in Food Science. Journal of Food and Drug Analysis, 2017, 25: 245-253.

[116] Barwal I, Sood A, Sharma M, et al. Development of Stevioside Pluronic-F-68 Copolymer Based PLA Nanoparticles as an Antidiabetic Nanomedicine. Colloids and Surfaces B: Biointerfaces, 2013, 101: 510-516.

[117] Yadav R, Kumar D, Kumari A, et al. Encapsulation of catechin and epicatechin on BSA NPS improved their stability and antioxidant potential. EXCLI J. 2014, 13: 331-346.

第三章

Janus 结构应用于智能食品包装

为了满足人们对绿色健康食品日益增长的需求，逐步完善和发展智能食品包装体系已经成为一种必然的趋势。营养物质的氧化和微生物的污染是食品变质腐败的主要原因[1]，因而在智能活性食品包装领域内，具有抗菌[2]、抗氧化活性[3] 的功能性膜一直以来是国内外研究者们追求和探索的方向[4-7]。同时，食品贮运过程中的湿度、温度、紫外线和氧气等环境因素[8,9] 也将直接影响食品质量、色泽及感官，并与微生物的滋生与繁殖密切相关，是影响食品品质与安全的关键性因素[10]。对于湿敏性食品，环境相对湿度的增加易诱发微生物滋生[11]，引起食品腐败分解，缩短货架期[12-14]。本课题提出通过构建 Janus 纳米纤维包装膜，实现包装储藏微环境湿度的连续自动调控、保障食品的品质、延长食品的储藏货架期。

Janus（杰纳斯）来源于古罗马神话中掌管万物始末的神，其有两张“背靠背”的脸，能同时看到过去和未来[15]。1985 年，Cho 和 Lee 报告了第一种 Janus 粒子［由聚苯乙烯和聚（甲基丙烯酸甲酯）组成］表现出疏水和亲水相反的润湿特性，并引入“Janus 粒子”的概念[16]。Janus 结构有着复杂的不对称性，能够与具有不同表面活性的材料结合组成新型表面，如颗粒、纤维、薄膜、凝胶网络等[17]。其中，Janus 膜两侧的不对称润湿性使其在流体操控方面成效显著[18,19]，其可以调控水、油、血液等液体在 Janus 结构中定向传输，自此，Janus 膜材料结构的不均一性所引发的多种特殊性能逐渐引起研究者们的兴趣[14,20-23]。

Janus 膜的制备方法有静电纺丝法[24,25]、离心纺丝法[14]、静电喷涂法[26]、表面改性法[27]和气相沉积法[28]等。开发制备简单、低成本且多功能的新型Janus定向水传输膜仍然面临挑战。随着Janus膜构筑方法和定向传输机制研究的不断发展深化，研究发现Janus膜两侧的物理（膜内部的孔隙梯度以及亲疏水层的不对称性厚度）和化学（润湿性）不对称性对其定向传输机制和性能的完善均起着不可或缺的作用[29-31]，但目前鲜有文献报道二者的作用规律和机理。

第一节 Janus材料概述

一、 Janus材料简介

Janus材料作为一种典型的不对称材料，与同质或对称材料相比，可以提供不寻常的特性[32]。自1985年Cho和Lee报道了第一个不对称粒子以来[16]，这种能在一个粒子中整合不同性质和多种功能的不对称粒子引起了科学家们近30年的极大关注[33-36]。因具有两个完全不同的属性，这种粒子被命名为Janus粒子。迄今为止，已经开发出各种形状和性质的Janus粒子(如图3-1)。从形状上看，典型的Janus粒子形状有哑铃形、雪人形、树莓形、圆盘形、棒形、空心多孔形等。从化学特性来看，Janus材料具有亲水/疏水、极性/非极性、正电/负电等化学特性，有的Janus材料存在多种化学特性组合的性能。从材料组成上看，Janus材料可分为聚合物-聚合物型、无机-无机型以及聚合物-无机复合型[37,38]。随着纳米技术的深化发展，以及对纳米材料的研究，具有特殊形状的Janus粒子也逐渐被开发出来，极大地丰富了Janus材料的种类。例如，半球形[39]、碗形[40]、月牙形[28]、开心果形[29]和三角形[41,42]的Janus材料已在最近的论文中有所报道。

Janus界面材料在最近几年里引起了科学家们广泛的兴趣[44]，其引入的灵感来源于对自然界中许多生物体特定行为或特殊功能的探究。研究者们发现这些行为和功能源自界面材料两侧不同的成分和（或）结构。Janus

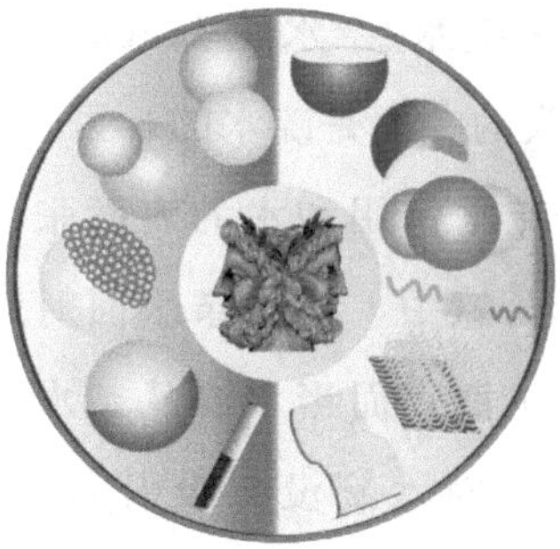

图 3-1　Janus 材料的形状[43]

界面材料对许多特殊生存环境中的生物体在维持生命过程中起着至关重要的作用[45-47]。例如，荷叶[48] 表面是典型的 Janus 界面，具有不对称润湿性：一侧是超疏水性，另一侧是亲水性，使其在空气中自清洁，在水中抗污染。

二、 Janus 膜简介

Janus 膜是 Janus 界面材料家族中的一个特殊成员，一般是指两面具有相反性质或不对称结构的膜[49,50]。Janus 膜的两面可以有明显的界面，也可以从一侧均匀过渡到另一侧，液体的定向传输是 Janus 膜的特性之一[51]。与不具有定向传输性能的膜相比，Janus 膜界面上相反性质的结构可以协同工作也可以独立工作，分为协同式[52] 和独立式[53] 两种，协同式 Janus 膜需要界面上相反性质结构的两面同时存在才能发挥作用，如在海水淡化或雾气收集过程中需要亲水面和疏水面同时作用完成水滴的定向传输[54]；而独立式 Janus 膜的两面可以分开单独使用，但在实际应用中当两面同时存在时具有更广泛的应用和更好的性能，如在油-水分离中，单层膜仅可以分离轻油-水或重油-水混合物中的一种，而 Janus 膜可以分离任意的油-水混合物；在膜蒸馏过程中，Janus 膜和疏水膜发挥了同样的作用[55]，但 Janus 膜的分离效果更好。此外，Janus 膜两侧的相互关系也使 Janus 膜具有多种用途，在定向水传输[56]、油-水分离[57]、界面传质[58]、电池隔膜和浓差发电等领域具有广阔的应用前景。

常见的 Janus 膜主要是疏水/亲水性 Janus 膜[59] 与正电/负电性 Janus 膜[60]。疏水/亲水 Janus 膜的一面是疏水的，另一面是亲水的。当水滴落在膜的疏水面时，膜表面的疏水作用和水的表面张力使水滴呈现球形，球形水滴被压入纤维膜表面的孔隙中，同时亲水面对水滴有亲和力，将水滴拉向亲水面并在其表面铺展扩散；而当水滴从亲水面滴下时，水滴在亲水纤维表面迅速扩散，且疏水面对水滴没有吸引力，则水滴不能到达疏水面，从而使水的传输具有单向且反向不可逆性。如南洋理工大学 Lu 等[61] 报道的聚丙烯腈/聚苯乙烯纳米复合 Janus 纤维膜，该膜具有“流体二极管”特性。正电/负电性 Janus 膜一面具有正电性，一面具有负电性。一般应用于电池隔膜和浓差发电领域，在电解质中通过对离子的选择性透过，形成离子间的浓度差，用来实现纳滤。Guo 等[60] 为了探索对盐湖中的 Mg^{2+} 和 Li^{+} 具有高渗透性和良好分离效率的纳滤（NF）膜，通过聚醚砜（PES）层、羧基纤维素纳米晶（CNC—COOH）中间层和超薄聚酰胺（PA）层的界面聚合，制备了三层超薄 Janus NF 膜。该膜对 Mg^{2+} 和 Li^{+} 的排斥率分别达到 74.35%和 83.96%，水通量分别为 4.17L/(m^2 · h · bar) 和 3.4L/(m^2 · h · bar)，分离因子 S_{Li}、S_{Mg} 分别为 12.15 和 5.84。

三、 Janus 膜的结构

为了更好地展示 Janus 膜的结构，将 Janus 膜具有不对称性的两层命名为 A 层和 B 层。根据膜结构，Janus 膜可分为 A-on-B、A-and-B、A-to-B 三种类型（注意：A 和 B 无特殊指定），如图 3-2 所示。对于 A-on-B Janus 膜，A 层和 B 层是相互独立的且层间没有形成化学作用力，可独立分开使用；对于 A-and-B Janus 膜，A 层和 B 层间以某种作用力相结合，协同作用实现其性能；对于 A-to-B Janus 膜，A 层到 B 层是缓慢过渡的，过渡界面模糊，不可分开，须共同作业。

目前，大多数报道的 Janus 膜具有不对称润湿性[62]。这种 Janus 膜结构可以通过调节气/液/固界面张力来控制液体的润湿和输送行为[63]。水滴在亲水表面表现出较小的接触角，甚至可以在表面完全扩散铺展（接触角

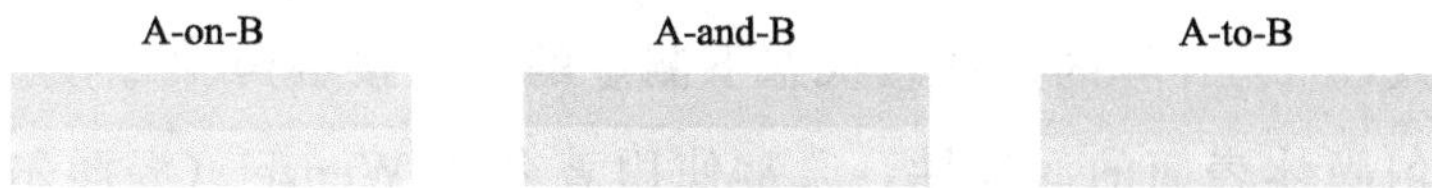

图 3-2 Janus 膜的三种结构：A-on-B、A-and-B 和 A-to-B[52]

约为 0)，是由于亲水表面具有极性基团分子，对水有较大的亲和能力；水滴在疏水表面上表现出较大的接触角，是由于高度弯曲的空气/液滴界面造成了额外的向内压力。因此，当液滴在疏水层表面时，会受到额外的向内压差使得液滴自发地自疏水层流向亲水层[64]。值得注意的是，改变膜的表面张力可以改变水滴在 Janus 膜表面的润湿性（即水接触角的大小）[65]。一般来说，改变膜的表面粗糙度[66] 和化学交联疏/亲水基团[67] 是较为常用的方法。

四、 Janus 膜润湿性理论

在大气条件下，液体与光滑的固体表面接触，将会形成三个边界面：固体-液体、液体-空气和固体-空气。理想状态下，液滴在平衡状态下产生静态接触角 θ，如图 3-3 所示。

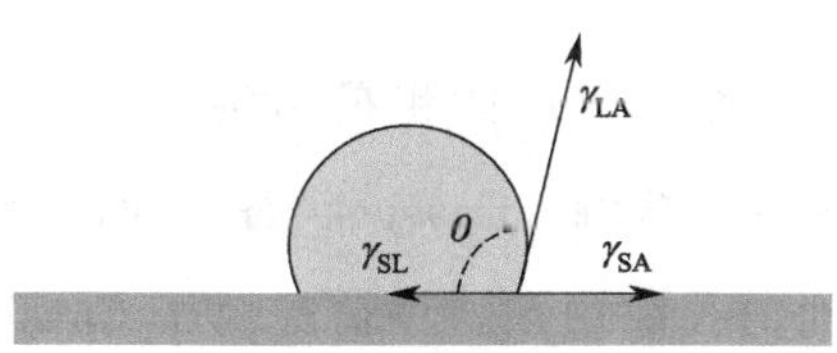

图 3-3 液滴在平衡状态下产生静态接触角 θ

如果一个表面是均匀、刚性、完全光滑的，杨氏方程可以被用来描述该界面自由能并确定它的润湿行为，接触角的大小由公式(3-1) 计算可得[68]：

$$\cos\theta=(\gamma_{SA}-\gamma_{SL})/\gamma_{LA} \tag{3-1}$$

式中，θ 是液滴与固体表面的接触角，γ_{SL}、γ_{LA} 和 γ_{SA} 是固体-液体、液体-气体和固体-气体的表面自由能。

然而，真实的固体表面并不符合理想表面的条件，在现实中往往是粗糙的或不均匀的[69]。因此，真实固体表面的润湿性是由“表观接触角”表征的，公式(3-1) 计算的是理想状态下测量的平衡接触角[70]。为了确定粗糙或不均匀固体表面的润湿性，通常使用著名的 Wenzel（温泽尔）方程，如公式(3-2) 所示。

$$\cos\theta_W = r \times \cos\theta \tag{3-2}$$

式中，r 为真实表面积与理想表面的投影面积的商，定义为表面粗糙度因子，θ_W 为 Wenzel 状态下的表观接触角。

对于粗糙表面，r 的值总是大于 1，根据公式(3-2) 推导可得：当粗糙表面理想状态下水接触角≥90°时，表观接触角 θ_W≥理想接触角 θ，当粗糙表面理想状态下水接触角≤90°时，则 $\theta_W \leqslant \theta$。对于理想光滑表面，$r=1$，由公式(3-2) 推导得出 $\theta_W=\theta$，此时服从“Wenzel”润湿机制，表面被液滴完全润湿，如图 3-4(a) 所示。

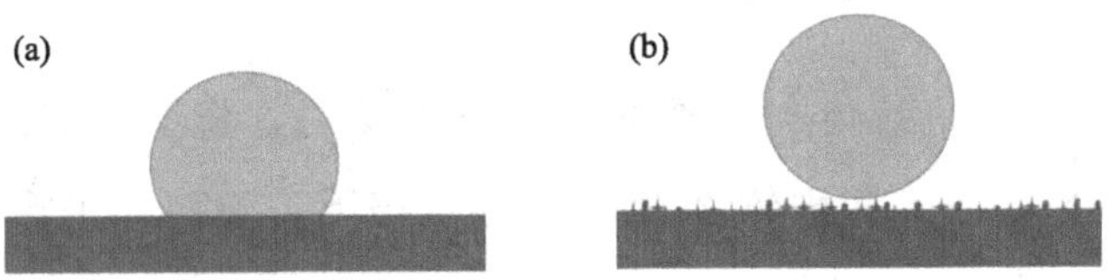

图 3-4　Wenzel（a）和 Cassie-Baxter（b）润湿体系示意图

此外，当表面具有微纳米尺度的粗糙结构时，液滴被支撑在粗糙结构的凸点之上，形成一种复合接触（Cassie 状态），而非完全铺展的润湿状态，气穴则存在于凸点之间的孔隙中，这种情况属于 Cassie-Baxter（卡西-巴克特）状态[见图 3-4(b)]。其原因是粗糙表面上毛细作用力和拉普拉斯压力的相互竞争。毛细管作用力是气穴间隔大小成反比，与能量势垒成正比，液滴必须克服这一能量势垒才能完全湿润表面[44,71]。在没有外部压力的情况下，拉普拉斯压力方程为：

$$P_L = 2 \times \gamma_{LA} / R \tag{3-3}$$

式中，P_L 是拉普拉斯压力，R 是液滴半径。

当拉普拉斯压力大于毛细管作用力时，水滴渗入表面结构，发生 Wenzel 型润湿[44]。然而，如果毛细管作用力大于拉普拉斯压力，则会发生液滴下方有气穴的 Cassie-Baxter 型润湿。Cassie-Baxter 解释了液滴在这种粗糙或化学非均匀表面上的润湿行为。在这种情况下，粗糙表面的表观水接触角可达到接近 180°的值，如图 3-4(b) 所示。Cassie-Baxter 方程为如下形式：

$$\cos\theta_{CB}=f\times\cos\theta+f-1 \tag{3-4}$$

式中，θ_{CB} 为 Cassie-Baxter 状态下的接触角，f 是液滴下方表面凸起的尖端面积的倒数。通过将 Wenzel 方程中的粗糙度因子 r 代入 Cassie-Baxter 方程中，可以得到一个更完善的方程来计算粗糙表面的表观接触角 (θ_R)：

$$\cos\theta_R=r\times f\times\cos\theta+f-1 \tag{3-5}$$

除了表面的静态润湿特性外，定义润湿行为的另一个重要参数是接触角滞回 (CAH)：由于化学异质性或表面粗糙度，液滴被固定在固-液-气界面的三重交界处，产生 CAH[72]。有两种常用的方法用于测量 CAH，如图 3-5 所示[73]。第一种方法：让液滴在斜面上运动，测量液滴向运动方向的前进接触角 θ_{adv} 和相反方向的后退接触角 θ_{rec}。$CAH=\theta_{adv}-\theta_{rec}$ (接触角的前后值之差)。第二种方法：使液体缓慢地泵入固定在表面上的无柄液滴中，直到达到预定的体积。在这一过程中所测得的最大亚稳态接触角为前进接触角 θ_{adv}。之后，液体从相同的无柄液滴中被吸出。后退接触角 θ_{rec} 是测量到的最小亚稳态接触角。同样，$CAH=\theta_{adv}-\theta_{rec}$。为了充分表征润湿行为，应记录同一表面上的接触角 θ 和 CAH 值。也有研究记录倾斜角 (TA) 代替 CAH 来解释表面的润湿模式。TA 是一个表面的倾斜角，在这个角度的表面上液滴开始滚动。

根据杨氏方程，接触角 90°为水的固有润湿阈值[74]，水接触角值低于 90°的表面称为亲水表面，高于 90°的表面称为疏水表面。水接触角≤10°的表面称为超亲水表面[75]，水滴在这些表面上立即扩散，从而形成水膜。水接触角≥140°，CAH 或 TA 值≤10°的表面称为超疏水表面。另一方面，超润湿是润湿现象的一种特殊情况，可以定义为对特定液体的极高或极低的亲和力[76,77]。

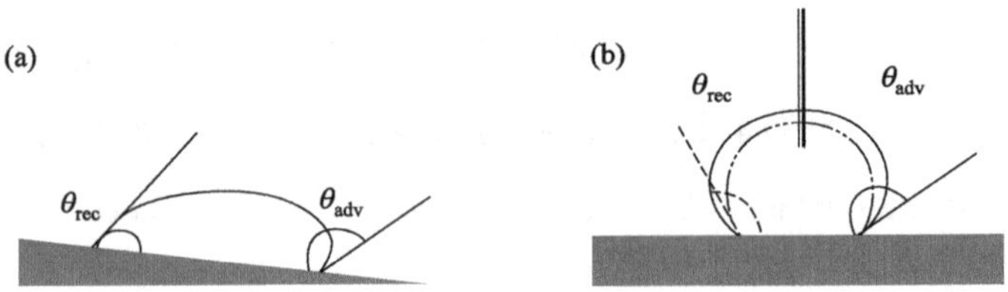

图 3-5 第一种（a）和第二种（b）方法测量 CAH

第二节 Janus 膜的构建

Janus 膜的构筑方法有两种：不对称制备和不对称修饰。在前一种情况下，Janus 结构是在膜形成过程中制备完成的，而在后一种情况下，Janus 结构是在膜制备结束后通过修饰来实现的。图 3-6 总结了文献中制备不对称性的三个方面：不对称表面润湿性、不对称膜层厚度和孔隙大小的非均匀分布。

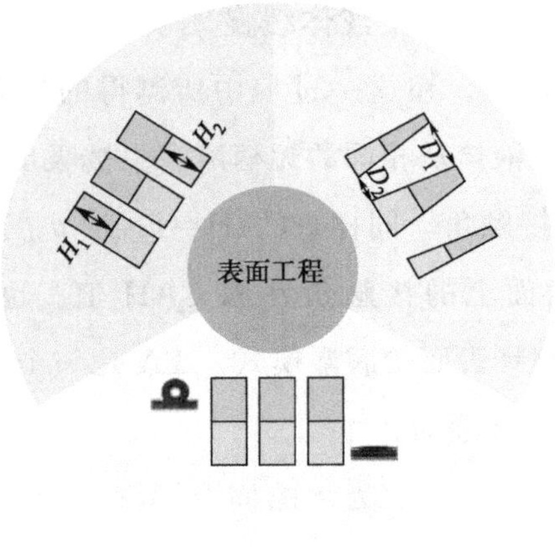

图 3-6 Janus 膜的不对称性构建[78]

一、表面不对称润湿性制备

（1）两层合成法 制备 Janus 双层膜最简单的方法是先后制造膜的每一

层，然后将它们结合在一起[79,80]。例如，逐层静电纺丝法[图 3-7(a)]是将疏水性纳米纤维依次静电纺丝到亲水性纳米纤维上或将亲水性纳米纤维依次静电纺丝到疏水性纳米纤维上，形成双层 Janus 纳米纤维膜[81,82]。这种方法有多种聚合物可供选择，包括聚氨酯[81-83]、聚乙烯醇[83]、聚偏氟乙烯[84,85]、聚甲基丙烯酸甲酯[86]、聚乳酸[87]、聚苯乙烯[88]、醋酸纤维素[84-89] 和聚丙烯腈等[84,90]。同样，可以通过气相沉积法[图 3-7(b)]，将亲水-疏水碳纳米管[58] 或亲水（FeOOH）-疏水（ZnO）纳米颗粒[28] 依次沉积在多孔衬底上，Janus 膜从基底上剥离后得到。该技术还用于将亲水碳纳米管[91]、疏水金纳米棒[92] 或疏水介质[93] 直接沉积在可润湿性相反的膜上，构建 Janus 膜。通常，这些 Janus 膜具有亲水层和疏水层之间的清晰边界，方便控制各层厚度，但由于两层之间的不相容性，界面键合相对较弱。

(2) 不混溶组分扩散诱导相分离法　采用非溶剂诱导[93,94] 或蒸发诱导[95] 相分离策略[图 3-7(c)]可避免界面不相容性。将亲水分子和疏水聚合物预共混在铸造溶液中，膜的形成过程伴随着亲水分子在聚合物基质中的定向聚集和迁移，最终形成一个具有扩散界面的对立润湿性的双层结构。

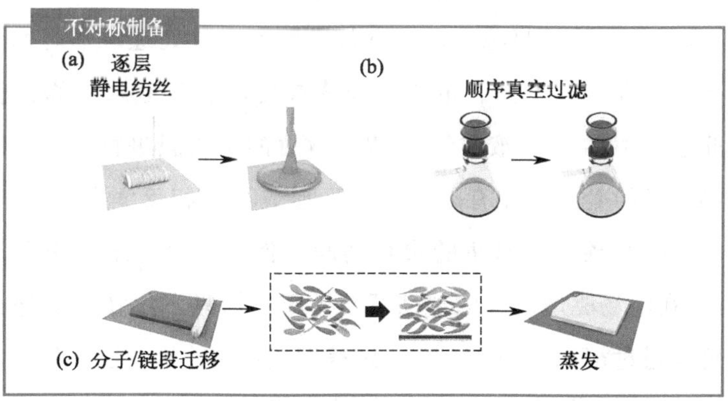

图 3-7　Janus 膜的制造过程示意图 I [52]

例如，Zhang 等[96] 报道了一种具有不对称润湿性的聚合物膜，将亲水的聚乙二醇二胺和疏水的烷二胺溶液在制备前混合。在 Janus 膜形成过程中，溶剂蒸发使得亲水分子自发地向膜表层迁移，疏水分子自发地向膜底层迁移。通常情况下，不同极性和蒸气压的溶剂会影响膜内组分的迁移分布。

(3) 能量辐射诱导修饰法　紫外线单面照射[图 3-8(a)、(b)]在膜的两侧形成了一个能量梯度，因为照射强度在不透明膜上逐渐衰减。因此，光化学反应或等离子体活化可以沿膜的垂直方向不均匀地进行。在激光或紫外线定向照射下，通过光蚀刻、光降解或光诱导接枝来建立 Janus 结构[97,98]。同样，氮气和氧气的等离子体能够直接激活疏水膜的表面，在一侧原位产生亲水的氨基和羟基，从而获得 Janus 结构。例如，Liu 等[99] 报道了一种通过紫外线照射光降解方法制备具有不对称润湿性的 Janus 膜，用于油-水分离，超疏水层是通过在棉织物上原位聚合聚二乙烯基苯（PDVB）来制备的。通过调节聚合时间，改变 PDVB 聚合物的含量，从而实现对所制备膜的表面结构和润湿性的调节。同时制备了用于高效集雾的疏水/亲水织物。在紫外光照射下，通过使用不同孔径的平板制备疏水/亲水双层 Janus 膜。这里，PDVB 的光催化降解性能是制备不对称润湿性 Janus 织物的重要性能。然而，高能量光或等离子体照射所引起的不可避免的结构损伤，会破坏膜的稳定性和完整性。

(4) 单面改性剂修饰法　另一种获得 Janus 膜的常用方法是单面修饰（图 3-8）。为了实现这一目标，需要进行一些不对称处理。不对称改性是建立在膜制备后改性基础上的。单边界面修饰可以有效地限制修饰仅在膜的一侧。在此过程中，对气-液或气-固界面放置的单层膜进行改性。因此，改性剂仅接触到膜的一侧，在有限的扩散下形成具有相反润湿性的 Janus 膜。或者膜的一个表面预先用密集的聚合物膜（例如，聚对苯二甲酸乙二醇酯膜）[27] 保护在电场驱动沉积的帮助下，界面修饰只发生在未被保护的表面上。这样可以通过沉积时间[27] 在一定程度上控制改性深度。用于单边界面修饰改性的改性剂包括聚多巴胺[27,100,101]、羟基磷灰石[102]、邻苯二酚、淀粉糊[103]、KOH 溶液[104]、甲基三乙氧基硅烷、十八胺、含氟聚合物乳液泡沫、石蜡、聚二甲基硅氧烷[105] 和 TiO_2 纳米颗粒等。注意，这种方法的前提是，膜表面是不能被改性剂溶液润湿的，以确保膜两侧不均匀的改性。

因此，不适合用于对改性剂可湿性体系，对于可湿性体系，改性剂溶液由于毛细效应很容易穿透膜孔，导致膜两侧均被修饰。单面电喷涂技术可以在一定程度上解决这一依赖于基体的问题。该方法将改性剂溶液用喷枪雾化，加速雾滴定向冲击膜表面。由于喷雾过程非常迅速（以秒为单位），并且雾滴大小与膜孔相当，因此毛细管效应导致的改性剂溶液的进一步渗透在一定程度上减少了限制。因此，单面喷涂技术可以应用于不同的膜材料，无论膜表面对改性溶液的可湿性或不可湿性状态均可使用。单面修饰也可以通过单边光降解、光交联和单边气相沉积来实现。

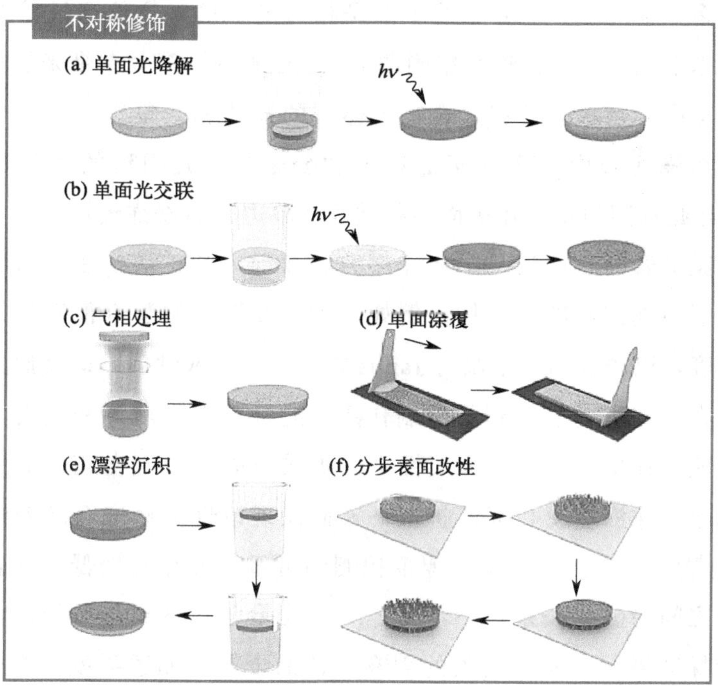

图 3-8　Janus 膜的制造过程示意图Ⅱ[52]

二、不对称厚度制备

研究者们普遍认为，具有相反润湿性（亲水性和疏水性）的膜层的厚度对流体的跨膜能力有很大影响。不对称表面制备的方法对厚度配置有不同程度的可控性。直接合成双层法在厚度调节上有很高的灵活性，因为双层合成膜可以事先为每层的特定厚度进行定制。规定时间的电纺或气相沉积策略提供了控制每层厚度的便捷途径，这同时与电纺溶液的浓度[81,106,107]或电纺过程中悬浮液中的纳米材料含量[82,88,108]密切相关。在真空气相沉积过程中，纳米材料在悬浮液中的含量是决定其厚度的重要因素。在单面电喷涂中，改性层的厚度（即改性深度）可以通过调整喷雾雾滴的扩散能力来调节，这取决于喷雾溶液的浓度和喷涂参数。事实证明，改性深度会随着喷涂时间的延长、喷涂距离的缩短或喷涂参数的降低而增加。因此，延长喷雾时间、缩短喷雾距离或降低喷雾速度，改性层的厚度会增加[109]。

在大多数情况下，小分子的扩散是相对随机的，这给通过扩散引起的相分离和基于制备后的修饰来精确调节 Janus 膜的厚度分布带来了挑战。在相分离过程中，亲水分子在聚合物基体中的迁移和聚集行为受多种因素的制约，包括浇注液中亲水分子的浓度和分子量、凝固浴的成分和操作参数[110]。与此不同的是，在单面辐射诱导和单边界面修饰改性中，分子从外部扩散到膜的表面。这是一个兼并热力学和动力学扩散控制的过程，增加了对改性层厚度控制的复杂性。例如，含有改性剂的蒸汽很容易扩散到膜的整个厚度，以诱导出一个没有 Janus 结构的均匀改性膜，即使膜上的那些预激活点在一定程度上起到了限制作用。此外，由于液体和膜之间的非润湿接触，液体在单边界面修饰改性中的扩散可能被限制在膜表面的一定厚度内。随着液体沿着膜孔逐渐扩散，人们发现改性的厚度会随着时间的推移而增加[94,103,104,111]。然而，厚度控制的可重复性相对较低，并且改性深度和时间之间的确切关系也不清楚。对于能量辐射诱导的后修饰，沿膜厚度的能量梯度将很容易受到膜的固有特性的干扰，如透明度、折射率、孔隙形态和孔隙率。这降低了对改性深度的可控性。也有报道指出，延长照射时间或提高光照强度能够在一定程度上增加改性深度，但需以牺牲膜的稳定性和完整性为代价[112,113]。

三、不对称孔隙大小调节

Janus 膜的传质过程是由来自膜内孔隙的毛细力驱动的，而毛细力与孔隙大小密切相关。因此，Janus膜每一层的孔径大小调节是值得研究的。激光钻孔技术是一种一步到位的方法，可以在膜的整个厚度上直接构建穿透性孔隙。这种孔的形状是圆锥形的，在面向激光的一面有大的开口，而另一面有小的开口。通过调节激光功率和脉冲数，孔径可以在10～120μm的大范围内灵活调节[114,115]。然而，这种方法受到所涉及的设备较为复杂的影响，而且所得膜的孔隙率可能相对较低。不对称的孔径调节可以通过黏合两层具有不同孔径的膜来实现。例如，直接将两个具有不同孔径的静电纺纤维膜逐层叠加。此外，能够通过改变电纺液的浓度或电纺参数（如针头直径、电场强度和操作时间）来控制纳米纤维膜的孔径大小。因此，通过静电纺丝技术逐层构建一层大孔隙和另一层小孔隙组成的Janus纤维膜是合理且方便的[107]。

在Janus膜的两侧表面上构建不对称孔隙的另一种策略是，首先准备一个具有均匀孔隙大小的膜，然后减小膜一侧表面孔隙大小的同时保持另一侧表面不受影响。例如，在原位网的一侧生长锥形纳米针团，可以在合成膜的两面形成大、小孔。然而，这种原位生长过程可能是相对复杂且难以控制的。

第三节　Janus膜定向水传输性能

定向水传输性能是一种允许水向特定方向运输，但在相反方向受到强烈抵制的特性。这种特殊性能可以通过Janus膜构筑方法的调整使其两侧结构存在物理（膜内部的孔隙梯度以及亲疏水层的不对称性厚度）和化学（润湿性）不对称性来实现，不对称结构使膜两侧存在势能差，在不借助外力因素的影响下，这种势能差使液体从势能高的一侧向势能低的一侧输送，而反方向的输送则无法完成，此时Janus膜表现出对流体的“二极管”特性。目前，Janus膜单向水传输性能的原理主要有三方面：润湿性梯度效应、毛细管作用力效应和仿生蒸腾效应[116]。

一、润湿性梯度效应

润湿性梯度效应是指 Janus 膜两侧具有不对称润湿性，通常为一侧疏水（超疏水），另一侧亲水（超亲水）。当液体滴落在该膜的疏水层时，液滴可以从疏水层转移至亲水层，而当液体滴落在该膜的亲水层时，液滴则只停留在亲水层，从而实现液体的单向导湿。Tang 等[117] 通过静电纺丝法制备了聚氨酯/醋酸纤维素（PU/CA）纳米纤维膜，PU 为疏水层，CA 为亲水层，该膜具有“导湿二极管效应”的亲/疏水双层结构，实现对液体的选择性单向传输。

二、毛细管作用力效应

毛细管作用力效应是由 Janus 膜中存在的孔隙结构所引起的，孔隙越小，差动毛细效应越强。在静电纺丝纤维膜的水平方向和垂直方向上均存在毛细管作用力。而当 Janus 膜结构在垂直方向上形成孔隙梯度时，会引导液体从孔隙大的区域向孔隙小的区域进行单向运输，即单向水传输性能。Zhang 等[53] 通过浇注法制备了聚醚砜（PES）膜，该膜在不同浓度的乙醇改性下具有不同的亲疏水性，同时膜内形成多孔结构，在结构上该 PES 膜亲水层孔隙紧密，疏水层孔隙相对较松散，这使得该膜在垂直方向被赋予了毛细管作用力效应，该效应有利于提高膜的单向水传输特性。

三、仿生蒸腾效应

蒸腾效应的灵感来源于自然界中植物克服重力将水从土壤中输送到茎、枝和叶等器官，并通过叶子上的气孔呼出的现象。Wang 等[118] 仿生维管植物的蒸腾作用，研制了具有反重力定向输水和快干性能的仿生微纳米纤维膜，表现出 1245％的超高单向传输能力（R），理想的整体水分管理能力（OMMC）（0.94），以及出色的水蒸发率（0.67g/h）（分别比棉布和羊毛织物高 5.8 倍和 2.1 倍）。

第四节 Janus结构的应用

一、流体单向运输

各种流体的单向运输行为因其在众多领域中的潜在应用引起了研究者们的广泛关注[119]。例如，单向输水可用于高层建筑的供水和水库的蓄水，而水下气体的单向运输对研究其收集和利用具有重要意义。因此，实现流体的单向输送一直是研究的重点。了解水下气泡的行为并使其得到有效的操控，对于气泡的捕获、收集和运输是非常重要的。Dai等[120] 为了讨论气泡的水下渗透行为和该过程中的关键影响参数，利用 TiO_2 的光刺激润湿性反应，制作了可调控润湿性的铜箔。在不同时间的紫外线照射后，Janus铜箔具有从超疏水/疏水到超疏水/亲水的不同润湿性梯度，表面的气泡表现出明显不同的渗透行为。研究发现，暴露在不同辐照时间下的铜箔的润湿状态对气泡的穿透行为起关键作用。换句话说，气泡穿透的难度取决于气泡从气-液接触转变为气-固接触的转变难度。这种简便和低成本的Janus铜箔制造方法为了解水下气泡的穿透行为提供了一种有价值的方法，对于扩大在水下条件下气泡捕获、气泡运输和不稳定气体反应控制的潜在应用具有重要意义。

二、油-水分离

目前，油和水都是日常生活中不可缺少的物质。然而，它们的混合物却对人们的生活造成了一定的影响。例如，海水中的石油泄漏会造成大量的污染，会破坏海洋的生态环境，甚至会影响人体生命健康。而汽车油箱中的水会损坏发动机，从而带来安全隐患。因此，有效的油-水分离策略对于处理此类问题具有重要意义[57]。Janus膜具有不对称的表面润湿性，在这方面表现出良好的潜力[121]。油水混合物可以通过Janus润湿性膜简单地分离，只需找到合适的膜参数（不对称表面润湿性、不对称层厚度等）。具有独特界面特性的超润湿 Janus 膜在油-水分离、微流体运输和膜蒸馏中具有广泛的应用。Liu 等[122] 用一种简单、环境友好的方法制造具有 Janus 超润湿性的三维（3D）金属泡沫。在这项研究中，他们提出了一种新的方法，通过将超疏水性和超亲水性结合，构建一个 Janus 铜泡沫（CF）。基于重力作用，轻油（LO）-水混合物中的水可以从超亲水（SHL）一侧输送到超疏水（SHB）一侧，而重油（HO）-水混合物中的 HO 可以从 SHB 一侧输送到 SHL 一侧。因此，具有卓越分离效率和出色重复性的圆柱形 Janus 油-水分离装置可以毫不费力地按需实现油-水分离。这种设计和制造方法为制备 Janus 界面材料提供了一种新的途径，可用于液体运输、传感器件、能源材料和石油泄漏的实际应用。

三、雾收集

水是生活在地球上的所有生物的必需品，尤其是人类的生命之源。然而，目前世界上许多地区都面临着水资源短缺的问题，如非洲的撒哈拉地区和沙漠地带，严重威胁着那里人们的生存。因此，寻找一个合适的方法来处理这个问题是必要的。因为雾中含有大量的水，从雾中获取水是解决缺水危机的可行方法。近年来，人们在雾采集方面投入了大量的精力，并报道了许多有效的方法[99]。其中，Zhou 等[123] 受仙人掌脊柱和毛状体综合雾气收集系统的启发，提出了一种设计微/纳米结构（MNCS）的锥形脊柱和 Janus 膜（JM）协同作用的策略。在这个策略中，将凹凸不平的 MNCS 覆盖在锥形脊柱的表面，从而可以捕获、凝聚和运输空气中微小的雾滴。当 JM 垂直放置在 MNCS 上的不同位置时，具有疏水内表面和亲水外表面的 JM 被进一步用来控制液滴运输过程中的水收集，因此 MNCS+JM 在液滴运输和收集的循环中不断推动液滴进行运输-凝聚-运输。研究表明，这种方法可以有效地实现更高的雾气收集率，这归功于拉普拉斯压力和液滴凝聚中释放的表面能之间的协同效应，以及 Janus 膜中超疏水-亲水的不对称润湿力。MNCS+JM 的这一策略提供了对材料表面控制液滴传输以实现高效集水的见解，这对扩展到高效集水系统、微流控设备等应用领域具有重要意义。

四、海水淡化

加强对海水资源的开发是缓解淡水危机的重要策略。迄今为止，国际学者在从海水中获取淡水（海水淡化）方面做了很多努力[124]。其中，Janus 膜的应用占有重要地位。与采集雾不同，海水淡化的过程不需要考虑原料（海水）的聚集，而是侧重于淡水的分离，这总是需要额外能量的介入。最近，Yang 等[28] 报道了一种高效的海水淡化方法，该方法通过在相互连接的单壁碳纳米管（SWNT）多孔膜上组装金纳米棒（AuNR），制备了一种双层 Janus 膜。较强的光热转化性能、热绝缘特性、互连的多孔结构和优良的机械性能等综合特性，使该双层 Janus 膜在 $5kW/m^2$ 的太阳辐照下具有近 94%的水蒸发效率，并在长期的光照循环中具有稳定的制水能力，可作为海水淡化膜使用。双层 Janus 膜的构建为开发多功能海水淡化膜提供了一种有效策略。

五、传感器

Janus 膜另一个重要的应用在于感知潮湿环境的湿度压力[125,126]。Hong 等[127] 开发了一种具有润湿性和导电性双集成的混合 Janus 膜，用于汗液生物传感中调节微体积液体运输的可穿戴式膜。与传统多孔膜中不可控的液体扩散不同，双集成 Janus 膜的不对称润湿性导致其具有独特的单向液体传输性能，并具有较高的突破压力（1737.66Pa）和快速的自我蒸发速率（35.94μL/min），可用于微量液体传输和蒸发。由于在膜的一侧原位生成了金纳米粒子，非对称导电层显示出优异的柔性导电性、抗摩擦干扰性和高效的电化学界面。在膜上制造的铂酶电极在有效的测试范围内，具有极大的选择性，以及高灵敏度和准确性，能够在皮肤表面进行超低体积（约 0.15μL）的汗液的实时测量。该双集成 Janus 膜具有单向性、自泵性和抗干扰性能，为运动成绩评估、健康监测、疾病诊断、智能医疗等方面的小型可穿戴式微流控汗液电化学生物传感器制备提供了新策略。

六、医学使用

Janus界面材料的医学应用是一个新兴领域。文献中报道了其用于细胞培养系统或伤口敷料和贴片的替代品，具有优异的血液屏障和伤口保护能力。旋转喷涂或浸渍涂层[128]、电晕放电表面处理[129]和初始化学气相沉积是报道中用于处理有机基质（包括纺织品）的方法。Janus织物作为医用纱布和伤口敷料在文献中也已经有所报道。例如，Zhang等[130]报道了具有不对称细胞黏附行为的Janus膜用于再生耳膜。该Janus膜是通过在聚丙烯微滤膜的一个表面共同沉积单宁酸（TA)/3-氨基丙基三乙氧基硅烷(APTES）涂层而构建的。细胞实验表明，Janus膜具有良好的生物相容性和不对称的细胞黏附特性。鼓膜穿孔的修复实验和激光多普勒振荡仪(LDV）的测量结果证明，Janus膜的亲水表面可以修复穿孔的鼓膜，同时疏水表面可以避免细胞黏附在内耳组织上以减少听力损失。Janus膜在治疗鼓膜穿孔方面具有良好的前景。

七、其他应用

除了上面提到的应用，Janus膜在其他方面也显示出无限的潜力。如Hu等[131]研发的聚酰亚胺/掺杂铜的二氧化钛Janus膜用于直接捕获和光催化还原空气中的二氧化碳。将大气中的二氧化碳直接转化为有价值的化合物或燃料是从根本上解决温室效应问题的最有效途径。在这项研究中，他们设计了一种具有不同层次和结构的Janus膜，以验证同时从空气中直接捕获和转化二氧化碳的可能性。选择性层是通过干铸工艺制备的，以形成具有适当的二氧化碳渗透性和选择性的致密层，从而有效地产生富含二氧化碳的空气。反应层是通过非溶剂诱导相分离（NIPS）方法制备的，以创造一个容纳光催化剂的连续多孔结构。这种膜的形态提高了二氧化碳和光催化剂之间的接触效率。光催化剂是由四氯化钛（$TiCl_4$）和二水合氯化铜($CuCl_2 \cdot 2H_2O$）通过水热法合成的，并在膜上用紫外光照射激活。Janus膜还可以提高涉及止血过程的现有应用材料的性能，因为它们可以满足基线紧急治疗期间减少失血和延长生存时间的要求。众所周知，最常用的止血材料是棉纱布，它的优点是成本低、透气好，但是，棉纱布的过多吸血会造成不必要的失血和严重的损伤。与疏水纱布和亲水纱布相比，Janus材料克服了前者纱布底部游离血液余量多和后者纱布快速完全吸收血液的不足。

参考文献

[1] Casadey R，Challier C，Altamirano M，et al. Antioxidant and antimicrobial properties of tyrosol and derivative-compounds in the presence of vitamin B2：Assays of synergistic antioxidant effect with commercial food additives [J]. Food Chemistry，2021，335：127576.

[2] Samsudin H，Soto Valdez H，Auras R. Poly (lactic acid) film incorporated with marigold flower extract (*Tagetes erecta*) intended for fatty-food application [J]. Food Control，2014，46：55-66.

[3] Bolumar T，LaPeña D，Skibsted L H，et al. Rosemary and oxygen scavenger in active packaging for prevention of high-pressure induced lipid oxidation in pork patties [J]. Food Packaging and Shelf Life，2016，7：26-33.

[4] Altiok D，Altiok E，Tihminlioglu F. Physical，antibacterial and antioxidant properties of chitosan films incorporated with thyme oil for potential wound healing applications [J]. Journal of Materials Science-Materials in Medicine，2010，21 (7)：2227-2236.

[5] de Prado E M L，de Paula G A，Dutra J A P，et al. Crude dry extract from *Colocasia esculenta* in association with poly (vinyl alcohol) as biomaterial to prepare bioactive wound dressing [J]. Polymer Bulletin，2022，1-30.

[6] Farazin A，Zhang C，Ghasemi A H. Preparation and identification of new antibacterial and biocompatible dressings based on gelatin/polyvinyl alcohol and castor oil [J]. Journal of Polymer Research，2023，30 (3)：125.

[7] Altaf F，Niazi M B K，Jahan Z，et al. Synthesis and characterization of PVA/starch hydrogel membranes incorporating essential oils aimed to be used in wound dressing applications [J]. Journal of Polymers and the Environment，2020，29 (1)：156-174.

[8] Hyun J E，Kim J H，Choi Y S，et al. Evaluation of microbial quality of dried foods stored at different relative humidity and temperature，and effect of packaging methods [J]. Journal of Food Safety，2018，38 (2)：e12433.

[9] Manandhar A, Milindi P, Shah A. An overview of the post-harvest grain storage practices of smallholder farmers in developing countries [J] . Agriculture, 2018, 8 (4): 57.

[10] Yi S, Wu Y, Zhang Y, et al. Antibacterial activity of photoactive silk fibroin/cellulose acetate blend nanofibrous membranes against escherichia coli [J] . ACS Sustainable Chemistry & Engineering, 2020, 8 (45): 16775-16780.

[11] Janjarasskul T, Suppakul P. Active and intelligent packaging: The indication of quality and safety [J] . Critical Reviews in Food Science and Nutrition, 2018, 58 (5): 808-831.

[12] Gokoglu N. Innovations in seafood packaging technologies: A review [J] . Food Reviews International, 2020, 36 (4): 340-366.

[13] Qian M, Liu D, Zhang X, et al. A review of active packaging in bakery products: Applications and future trends [J] . Trends in Food Science & Technology, 2021, 114: 459-471.

[14] Yildirim S, Röcker B, Pettersen M K, et al. Active packaging applications for food [J] . Comprehensive Reviews in Food Science and Food Safety, 2018, 17 (1): 165-199.

[15] Wu Z, Li L, Liao T, et al. Janus nanoarchitectures: From structural design to catalytic applications [J] . Nano Today, 2018, 22: 62-82.

[16] Cho I, Lee K W. Morphology of latex particles formed by poly (methyl methacrylate) -seeded emulsion polymerization of styrene [J] . Journal of Applied Polymer Science, 1985, 30 (5): 1903-1926.

[17] Söz Ç K, Trosien S, Biesalski M. Janus interface materials: A critical review and comparative study [J] . ACS Materials Letters, 2020, 2 (4): 336-357.

[18] Zhao Y, Wang H, Zhou H, et al. Directional fluid transport in thin porous materials and its functional applications [J] . Small, 2017, 13 (4): 1601070.

[19] Yang H C, Hou J, Chen V, et al. Janus membranes: exploring duality for advanced separation [J] . Angewandte Chemie International Edition, 2016, 55 (43): 13398-13407.

[20] Zhang H, Qu T, Wang H, et al. Preparation of asymmetric Janus hollow silica microparticle and its application on oily wastewaters [J] . Scientific Reports, 2023, 13 (1): 4135.

[21] Farahat M, Sobhy A, Sanad M M S. Superhydrophobic magnetic sorbent via surface modification of banded iron formation for oily water treatment [J] . Scientific Reports, 2022, 12 (1): 11016.

[22] Han S, Pensec S, Yilmaz D, et al. Straightforward preparation of supramolecular Janus nanorods by hydrogen bonding of end-functionalized polymers [J] . Nature Communication, 2020, 11 (1): 4760.

［23］ He Y，Li Q，Chen P，et al. A smart adhesive Janus hydrogel for non-invasive cardiac repair and tissue adhesion prevention ［J］. Nature Communication，2022，13（1）：7666.

［24］ Zhang C，Li Y，Wang P，et al. Electrospinning of nanofibers：Potentials and perspectives for active food packaging ［J］. Comprehensive Reviews in Food Science and Food Safety，2020，19（2）：479-502.

［25］ Topuz F，Uyar T. Antioxidant，antibacterial and antifungal electrospun nanofibers for food packaging applications ［J］. Food Research International，2020，130：108927.

［26］ Miao D，Huang Z，Wang X，et al. Continuous，spontaneous，and directional water transport in the trilayered fibrous membranes for functional moisture wicking textiles ［J］. Small，2018，14（32）：1801527.

［27］ Yang H C，Zhong W，Hou J，et al. Janus hollow fiber membrane with a mussel-inspired coating on the lumen surface for direct contact membrane distillation ［J］. Journal of Membrane Science，2017，523：1-7.

［28］ Yang Y，Yang X，Fu L，et al. Two-dimensional flexible bilayer Janus membrane for advanced photothermal water desalination ［J］. ACS Energy Letters，2018，3（5）：1165-1171.

［29］ Danial M，Tran C M，Young P G，et al. Janus cyclic peptide-polymer nanotubes ［J］. Nature Communication，2013，4：2780.

［30］ Manickam S S，Gelb J，McCutcheon J R. Pore structure characterization of asymmetric membranes：Non-destructive characterization of porosity and tortuosity ［J］. Journal of Membrane Science，2014，454：549-554.

［31］ Hesse S A，Fritz K E，Beaucage P A，et al. Materials combining asymmetric pore structures with well-defined mesoporosity for energy storage and conversion ［J］. ACS Nano，2020，14（12）：10897-10906.

［32］ Parmar D，Sugiono E，Raja S，et al. Complete field guide to asymmetric BINOL-phosphate derived Bronsted acid and metal catalysis：history and classification by mode of activation；Bronsted acidity，hydrogen bonding，ion pairing，and metal phosphates ［J］. Chemical Reviews，2014，114（18）：9047-9153.

［33］ de Gennes P G. Soft matter（nobel lecture）［J］. Angewandte Chemie International Edition in English，1992，31（7）：842-845.

［34］ Bradley L C，Stebe K J，Lee D. Clickable Janus particles ［J］. Journal of the American Chemical Society，2016，138（36）：11437-11440.

［35］ Lin C C，Liao C W，Chao Y C，et al. Fabrication and characterization of asymmetric Janus and ternary particles [J] . ACS Applied Materials & Interfaces, 2010, 2 (11): 3185-3191.

[36] Gao W, Pei A, Feng X, et al. Organized self-assembly of Janus micromotors with hydrophobic hemispheres [J] . Journal of the American Chemical Society, 2013, 135 (3): 998-1001.

[37] Su H, Hurd Price C A, Jing L, et al. Janus particles: design, preparation, and biomedical applications [J] . Materials Today Bio, 2019, 4: 100033.

[38] Zhang Y, Huang K, Lin J, et al. Janus nanoparticles in cancer diagnosis, therapy and theranostics [J] . Biomaterials Science, 2019, 7 (4): 1262-1275.

[39] Cheng Z, Luo F, Zhang Z, et al. Syntheses and applications of concave and convex colloids with precisely controlled shapes [J] . Soft Matter, 2013, 9 (47): 11392-11397.

[40] Zhao K, Hu J, Ma Y, et al. Topology-regulated pesticide retention on plant leaves through concave Janus carriers [J] . ACS Sustainable Chemistry & Engineering, 2019, 7 (15): 13148-13156.

[41] Fu J, Gu Z, Liu Y, et al. Bottom-up self-assembly of heterotrimeric nanoparticles and their secondary Janus generations [J] . Chemical Science, 2019, 10 (44): 10388-10394.

[42] Yu X, Sun Y, Liang F, et al. Triblock Janus particles by seeded emulsion polymerization [J] . Macromolecules, 2018, 52 (1): 96-102.

[43] Duan Y, Zhao X, Sun M, et al. Research advances in the synthesis, application, assembly, and calculation of Janus materials [J] . Industrial & Engineering Chemistry Research, 2021, 60 (3): 1071-1095.

[44] Ensikat H J, Ditsche Kuru P, Neinhuis C, et al. Superhydrophobicity in perfection: the outstanding properties of the lotus leaf [J] . Beilstein J Nanotechnol, 2011, 2: 152-161.

[45] Wang H, Wang H, Wang Y, et al. Laser writing of Janus graphene/kevlar textile for intelligent protective clothing [J] . ACS Nano, 2020, 14 (3): 3219-3226.

[46] Zhang X, Fu Q, Duan H, et al. Janus nanoparticles: From fabrication to (bio) applications [J] . ACS Nano, 2021, 15 (4): 6147-6191.

[47] Nguyen T L, Choi Y, Kim J. Mesoporous silica as a versatile platform for cancer immunotherapy [J] . Advanced Materials, 2019, 31 (34): e1803953.

[48] Kang C, Honciuc A. Growth of nano-/microcolloidal architectures from Janus seeds by ATRP [J] . Chemistry of Materials, 2018, 30 (21): 7664-7671.

[49] Pei C, Peng Y, Zhang Y, et al. An integrated Janus mesh: Underwater bubble antibuoyancy unidirectional penetration [J] . ACS Nano, 2018, 12 (6): 5489-5494.

[50] Gao C, Sun Z, Li K, et al. Integrated oil separation and water purification by a double-layer

TiO_2-based mesh [J] . Energy & Environmental Science, 2013, 6 (4): 1147-1151.

[51] He X., Yang S., Pei Q., Song Y., Liu C., Xu T. Integrated smart Janus textile bands for self-pumping sweat sampling and analysis [J] . ACS Sensors, 2020, 5 (6): 1548-1554.

[52] Yang H C, Hou J, Chen V, et al. Janus membranes: Exploring duality for advanced separation [J] . Angewandte Chemie International Edition, 2016, 55 (43): 13398-13407.

[53] Zhang Q, Li Y, Yan Y, et al. Highly flexible monolayered porous membrane with superhydrophilicity-hydrophilicity for unidirectional liquid penetration [J] . ACS Nano, 2020, 14 (6): 7287-7296.

[54] Li T T, Zhong Y, Peng H K, et al. Multiscale composite nanofiber membranes with asymmetric wetability: preparation, characterization, and applications in wound dressings [J] . Journal of Materials Science, 2020, 56 (6): 4407-4419.

[55] Afsari M, Shon H K, Tijing L D. Janus membranes for membrane distillation: Recent advances and challenges [J] . Advances in Colloid and Interface Science, 2021, 289: 102362.

[56] Wang Z, Wang Y, Liu G. Rapid and efficient separation of oil from oil-in-water emulsions using a Janus cotton fabric [J] . Angewandte Chemie International Edition in English, 2016, 55 (4): 1291-1294.

[57] Zhang N, Qi Y, Zhang Y, et al. A review on oil/water mixture separation material [J] . Industrial & Engineering Chemistry Research, 2020, 59 (33): 14546-14568.

[58] Hou J, Ji C, Dong G, et al. Biocatalytic Janus membranes for CO_2 removal utilizing carbonic anhydrase [J] . Journal of Materials Chemistry A, 2015, 3 (33): 17032-17041.

[59] Banuprasad T N, Vinay T V, Subash C K, et al. Fast transport of water droplets over a thermo-switchable surface using rewritable wettability gradient [J] . ACS Applied Materials & Interfaces, 2017, 9 (33): 28046-28054.

[60] Guo C, Li N, Qian X, et al. Ultra-thin double Janus nanofiltration membrane for separation of Li^+ and Mg^{2+}: "Drag" effect from carboxyl-containing negative interlayer [J] . Separation and Purification Technology, 2020, 230: 115567.

[61] Dong Y, Kong J, Phua S L, et al. Tailoring surface hydrophilicity of porous electrospun nanofibers to enhance capillary and push - pull effects for moisture wicking [J] . ACS Applied Materials & Interfaces, 2014, 6 (16): 14087-14095.

[62] Li Z, Hu R, Song J, et al. Gas - liquid - solid triphase interfacial chemical reactions associated with gas wettability [J] . Advanced Materials Interfaces, 2021, 8 (6): 2001636.

[63] Yu C, Zhang P, Wang J. Superwettability of gas bubbles and its application: from bioinspira-

tion to advanced materials [J] . Advanced materials, 2017, 29 (45): 1703053.

[64] Wu Y, Feng J, Gao H. Superwettability - Based interfacial chemical reactions [J] . Advances Materials, 2019, 31 (8): 1800718.

[65] Kharraz J A, Farid M U, Jassby D. A systematic study on the impact of feed composition and substrate wettability on wetting and fouling of omniphobic and janus membranes in membrane distillation [J] . Journal of Membrane Science, 2022, 641: 119873.

[66] Wang J, Wu Y, Cao Y, et al. Influence of surface roughness on contact angle hysteresis and spreading work [J] . Colloid and Polymer Science, 2020, 298 (8): 1107-1112.

[67] Zhang L, Zhou A G, Sun B R, et al. Functional and versatile superhydrophobic coatings via stoichiometric silanization [J] . Nature Communication, 2021, 12 (1): 982.

[68] Bhushan B, Jung Y C. Natural and biomimetic artificial surfaces for superhydrophobicity, self-cleaning, low adhesion, and drag reduction [J] . Progress in Materials Science, 2011, 56 (1): 1-108.

[69] Hejazi V, Moghadam A D, Rohatgi P, et al. Beyond Wenzel and Cassie-Baxter: second-order effects on the wetting of rough surfaces [J] . Langmuir, 2014, 30 (31): 9423-9429.

[70] Bormashenko E. Progress in understanding wetting transitions on rough surfaces [J] . Advances in Colloid and Interface Science, 2015, 222: 92-103.

[71] Dorrer C, Rühe J. Some thoughts on superhydrophobic wetting [J] . Soft Matter, 2009, 5 (1): 51-61.

[72] Drelich J, Marmur A. Physics and applications of superhydrophobic and superhydrophilic surfaces and coatings [J] . Surface Innovations, 2014, 2 (4): 211-227.

[73] Si Y, Dong Z, Jiang L. Bioinspired designs of superhydrophobic and superhydrophilic Materials [J] . ACS Central Science, 2018, 4 (9): 1102-1112.

[74] Drelich J, Chibowski E. Superhydrophilic and superwetting surfaces: Definition and mechanisms of control [J] . Langmuir, 2010, 26 (24): 18621-18623.

[75] Tian Y, Su B, Jiang L. Interfacial material system exhibiting superwettability [J] . Advanced Materials, 2014, 26 (40): 6872-6897.

[76] Su B, Tian Y, Jiang L. Bioinspired interfaces with superwettability: From materials to chemistry [J] . Journal of the American Chemical Society, 2016, 138 (6): 1727-1748.

[77] Liu M, Wang S, Jiang L. Nature-inspired superwettability systems [J] . Nature Reviews Materials, 2017, 2 (7): 1-17.

[78] Li H N, Yang J, Xu Z K. Asymmetric surface engineering for Janus membranes [J] . Ad-

vanced Materials Interfaces, 2020, 7 (7): 1902064.

[79] Cao M, Xiao J, Yu C, et al. Hydrophobic/hydrophilic cooperative Janus system for enhancement of fog collection [J]. Small, 2015, 11 (34): 4379-4384.

[80] Zhong L, Feng J, Guo Z. An alternating nanoscale (hydrophilic - hydrophobic) /hydrophilic Janus cooperative copper mesh fabricated by a simple liquidus modification for efficient fog harvesting [J]. Journal of Materials Chemistry A, 2019, 7 (14): 8405-8413.

[81] Wu J, Wang N, Wang L, et al. Unidirectional water-penetration composite fibrous film via electrospinning [J]. Soft Matter, 2012, 8 (22): 5996-5999.

[82] An Y P, Yang J, Yang H C, et al. Janus membranes with charged carbon nanotube coatings for deemulsification and separation of oil-in-water emulsions [J]. ACS Applied Materials & Interfaces, 2018, 10 (11): 9832-9840.

[83] Prince J A, Rana D, Matsuura T, et al. Nanofiber based triple layer hydro-philic/-phobic membrane-a solution for pore wetting in membrane distillation [J]. Scientific Reports, 2014, 4 (1): 6949.

[84] Huang Y X, Wang Z, Jin J, et al. Novel Janus membrane for membrane distillation with simultaneous fouling and wetting resistance [J]. Environmental Science & Technology, 2017, 51 (22): 13304-13310.

[85] Gore P M, Kandasubramanian B. Heterogeneous wettable cotton based superhydrophobic Janus biofabric engineered with PLA/functionalized organoclay microfibers for efficient oil - water separation [J]. Journal of Materials Chemistry A, 2018, 6 (17): 7457-7479.

[86] Dong Y, Kong J, Phua S L, et al. Tailoring surface hydrophilicity of porous electrospun nanofibers to enhance capillary and push-pull effects for moisture wicking [J]. ACS Applied Materials & Interfaces, 2014, 6 (16): 14087-14095.

[87] Jiang Y, Hou J, Xu J, et al. Switchable oil/water separation with efficient and robust Janus nanofiber membranes [J]. Carbon, 2017, 115: 477-485.

[88] Hu L, Gao S, Zhu Y, et al. An ultrathin bilayer membrane with asymmetric wettability for pressure responsive oil/water emulsion separation [J]. Journal of Materials Chemistry A, 2015, 3 (46): 23477-23482.

[89] Zhu Z, Liu Z, Zhong L, et al. Breathable and asymmetrically superwettable Janus membrane with robust oil-fouling resistance for durable membrane distillation [J]. Journal of Membrane Science, 2018, 563: 602-609.

[90] Dong Y, Kong J, Mu C, et al. Materials design towards sport textiles with low-friction and

moisture-wicking dual functions [J] . Materials & Design，2015，88：82-87.

[91] Chang Y，Wang Z，Shi Y e，et al. Hydrophobic $W_{18}O_{49}$ mesocrystal on hydrophilic PTFE membrane as an efficient solar steam generation device under one sun [J] . Journal of Materials Chemistry A，2018，6 (23)：10939-10946.

[92] Liu Y，Xiao T，Bao C，et al. Fabrication of novel Janus membrane by nonsolvent thermally induced phase separation (NTIPS) for enhanced performance in membrane distillation [J] . Journal of Membrane Science，2018，563：298-308.

[93] Song H. M.，Chen C.，Shui X. X.，Yang H.，Zhu L. J.，Zeng Z. X. Asymmetric Janus membranes based on in situ mussel-inspired chemistry for efficient oil/water separation [J] . Journal of Membrane Science，2019，573：126-134.

[94] Yang H C，Hou J，Wan L S，et al. Janus membranes with asymmetric wettability for fine bubble aeration [J] . Advanced Materials Interfaces，2016，3 (9)：1500774.

[95] Wu M B，Yang H C，Wang J J，et al. Janus membranes with opposing surface wettability enabling oil-to-water and water-to-oil emulsification [J] . ACS Applied Materials & Interfaces，2017，9 (6)：5062-5066.

[96] Zhang Y，Barboiu M. Dynameric asymmetric membranes for directional water transport [J] . Chem Commun (Camb)，2015，51 (88)：15925-15927.

[97] Ding Y，Tu K，Burgert I，et al. Janus wood membranes for autonomous water transport and fog collection [J] . Journal of Materials Chemistry A，2020，8 (42)：22001-22008.

[98] Kong Y Y，Xin J H. Janus fabric with self-propelled directional wetting patterns induced by light and temperature [J] . Advanced Engineering Materials，2018，20 (8)：1700905.

[99] Zhu R，Liu M，Hou Y，et al. Biomimetic fabrication of Janus fabric with asymmetric wettability for water purification and hydrophobic/hydrophilic patterned surfaces for fog harvesting [J] . ACS Applied Materials & Interfaces，2020，12 (44)：50113-50125.

[100] Yang X，Wang Z，Shao L. Construction of oil-unidirectional membrane for integrated oil collection with lossless transportation and oil-in-water emulsion purification [J] . Journal of Membrane Science，2018，549：67-74.

[101] Liu S，Low Z X，Hegab H M，et al. Enhancement of desalination performance of thin-film nanocomposite membrane by cellulose nanofibers [J] . Journal of Membrane Science，2019，592：117363.

[102] Mohammadi Ghaleni M，Al Balushi A，Kaviani S，et al. Fabrication of Janus membranes for desalination of oil-contaminated saline water [J] . ACS Applied Materials & Interfaces，

2018, 10 (51): 44871-44879.

[103] Yang C, Han N, Han C, et al. Design of a Janus F-TiO_2@PPS porous membrane with asymmetric wettability for switchable oil/water separation [J]. ACS Applied Materials & Interfaces, 2019, 11 (25): 22408-22418.

[104] Yang X, Yan L, Ran F, et al. Interface-confined surface engineering constructing water-unidirectional Janus membrane [J]. Journal of Membrane Science, 2019, 576: 9-16.

[105] Lin X, Heo J, Choi M, et al. Simply realizing durable dual Janus superwettable membranes integrating underwater low-oil-adhesive with super-water-repellent surfaces for controlled oil-water permeation [J]. Journal of Membrane Science, 2019, 580: 248-255.

[106] Liu D S, Ashcraft J N, Mannarino M M. Spray layer-by-ayer electrospun composite proton exchange membranes [J]. Advanced Functional Materials, 2013, 23 (24): 3087-3095.

[107] Hu R, Wang N, Hou L, et al. A bioinspired hybrid membrane with wettability and topology anisotropy for highly efficient fog collection [J]. Journal of Materials Chemistry A, 2019, 7 (1): 124-132.

[108] Yang J, Wen G, Gou X, et al. A study on the manufacture of Kevlar membrane modified by inorganic nanoparticles with universal applicability in separating diffident types of emulsions [J]. Journal of Membrane Science, 2018, 563: 326-335.

[109] Wei X, Zhou H, Chen F, et al. High-efficiency low-resistance oil-mist coalescence filtration using fibrous filters with thickness-direction asymmetric wettability [J]. Advanced Functional Materials, 2018, 29 (1): 1806302.

[110] Li T, Fang Q, Lin H, et al. Enhancing solar steam generation through manipulating the heterostructure of PVDF membranes with reduced reflection and conduction [J]. Journal of Materials Chemistry A, 2019, 7 (29): 17505-17515.

[111] Yang J, Li H N, Chen Z X, et al. Janus membranes with controllable asymmetric configurations for highly efficient separation of oil-in-water emulsions [J]. Journal of Materials Chemistry A, 2019, 7 (13): 7907-7917.

[112] Wang H, Ding J, Dai L, et al. Directional water-transfer through fabrics induced by asymmetric wettability [J]. Journal of Materials Chemistry, 2010, 20 (37): 7938-7940.

[113] Zhou H, Wang H, Niu H, et al. Superphobicity/philicity Janus fabrics with switchable, spontaneous, directional transport ability to water and oil fluids [J]. Scientific Reports, 2013, 3: 2964.

[114] Ren F, Li G, Zhang Z, et al. A single-layer Janus membrane with dual gradient conical mi-

cropore arrays for self-driving fog collection [J]. Journal of Materials Chemistry A, 2017, 5 (35): 18403-18408.

[115] Chen C, Shi L A, Huang Z, et al. Microhole-arrayed PDMS with controllable wettability gradient by one-step femtosecond laser drilling for ultrafast underwater bubble unidirectional self-transport [J]. Advanced Materials Interfaces, 2019, 6 (12): 1900297.

[116] Yang T, Yu H, Liu Y, et al. The unidirectional wettability property of a new warp-knitted double-face fabric [J]. Fibers and Polymers, 2020, 21 (8): 1627-1633.

[117] Tang S, Pi H, Zhang Y, et al. Novel Janus fibrous membranes with enhanced directional water vapor transmission [J]. Applied Sciences, 2019, 9 (16): 3302.

[118] Wang X, Huang Z, Miao D, et al. Biomimetic fibrous murray membranes with ultrafast water transport and evaporation for smart moisture-wicking fabrics [J]. ACS Nano, 2019, 13 (2): 1060-1070.

[119] Korkees F, Alston S, Arnold C. Directional diffusion of moisture into unidirectional carbon fiber/epoxy Composites: Experiments and modeling [J]. Polymer Composites, 2018, 39 (S4): E2305-E2315.

[120] Dai X, Guo Z, Liu W. Ultraviolet-driven Janus foams with wetting gradients: Unidirectional penetration control for underwater bubbles [J]. ACS Applied Materials & Interfaces, 2022, 14 (37): 42734-42743.

[121] Gupta P, Kandasubramanian B. Directional fluid gating by Janus membranes with heterogeneous wetting properties for selective oil-water separation [J]. ACS Applied Materials & Interfaces, 2017, 9 (22): 19102-19113.

[122] Liu C, Peng Y, Huang C, et al. Bioinspired superhydrophobic/superhydrophilic Janus copper foam for on-demand oil/water separation [J]. ACS Applied Materials & Interfaces, 2022, 14 (9): 11981-11988.

[123] Zhou H, Zhang M, Li C, et al. Excellent fog-droplets collector via integrative Janus membrane and conical spine with micro/nanostructures [J]. Small, 2018, 14 (27): e1801335.

[124] Li C, Li X, Du X, et al. Antiwetting and antifouling Janus membrane for desalination of saline oily wastewater by membrane distillation [J]. ACS Applied Materials & Interfaces, 2019, 11 (20): 18456-18465.

[125] Wang Y, Zhang L, Zhou J, et al. Flexible and transparent cellulose-based ionic film as a humidity sensor [J]. ACS Applied Materials & Interfaces, 2020, 12 (6): 7631-7638.

[126] Pereira P F M, Picciani P H S, Calado V M A, et al. Gelatin-based nanobiocomposite films

as sensitive layers for monitoring relative humidity in food packaging [J] . Food and Bioprocess Technology, 2020, 13 (6): 1063-1073.

[127] Hong X, Wu H, Wang C, et al. Hybrid Janus membrane with dual-asymmetry integration of wettability and conductivity for ultra-low-volume sweat sensing [J] . ACS Applied Materials & Interfaces, 2022, 14 (7): 9644-9654.

[128] Kosak Soz C, Trosien S, Biesalski M. Superhydrophobic hybrid paper sheets with Janus-type wettability [J] . ACS Applied Materials & Interfaces, 2018, 10 (43): 37478-37488.

[129] Rahimi R, Ochoa M, Donaldson A, et al. A Janus-paper PDMS platform for air-liquid interface cell culture applications [J] . Journal of Micromechanics and Microengineering, 2015, 25 (5): 055015.

[130] Zhang Z, Li J B, Li X, et al. Janus membranes with asymmetric cellular adhesion behaviors for regenerating eardrum perforation [J] . Journal of Materials Chemisty B, 2022, 10 (14): 2719-2727.

[131] Hu C C, Wang C Y, Tsai M C, et al. Polyimide/Cu-doped TiO_2 Janus membranes for direct capture and photocatalytic reduction of carbon dioxide from air [J] . Chemical Engineering Journal, 2022, 450: 138008.

第四章

天然食用色素应用于智能食品包装

包装是食品生产的重要环节之一，在确保食品质量与安全方面发挥着至关重要的作用。它不仅保护食品免受外界环境的影响，防止破损或渗漏，还便于分销和销售，减少经济损失。此外，包装还具有信息传递功能，能提供详细的信息，如生产日期、保质期、营养成分及存储、使用方法等。

近年来，消费者对高品质新鲜食品的偏好不断增加，加之生活方式的变化以及市场竞争日益激烈，对生产美味、新鲜且即食的安全优质食品提出了更高要求。因此，对包装技术的发展需求也愈加迫切[1]。然而，目前理想的食品保护措施仍然缺乏，有效监测外部环境与食品安全质量，以及保持食品新鲜度的标签技术在传统包装中受到限制。不断发展的食品市场要求设计和开发多种新的包装技术，以维护食品质量、整体安全性及感官特征，并提升对产品质量的监控能力。智能或智慧包装方法通常用于附加或整合标签，以指示或识别所包装食品的质量变化。根据欧洲食品安全局（EFSA）的定义，智能食品包装材料是具备监控功能，用以评估所包裹食物状态或其周围环境条件的材料[2]。

智能包装是一类能够实时监测被封装食品状况及其内部环境（如温度、pH 值、湿度、气体成分和腐败代谢物）的创新型解决方案，为消费者提供有关化学、生物化学、物理及微生物质量的信息。这一概念是传统包装的一种延伸，其核心在于增强与消费者之间的信息沟通，使其能够检测并记录发生在食品或其包装材料中的各种变化[3]。此外，智能包装还有助于改进危害分析与关键控制点（HACCP）体系以及质量分析与关键控制点

(QACCP) 体系[4]。因此可以实时检测食物品质变化，识别潜在健康风险，并降低这些风险发生的可能性，从而最终维持食品品质并确保食品安全[5,6]。除了提高食品质量和安全性之外，智能包装预计将在减少食品浪费方面发挥重要作用[6]。据估计，仅欧盟每年就产生约 8800 万吨家庭级别的食品浪费，其中近 10%的浪费与保质期相关[7]。目前，大多数加工类食品普遍采用“最佳消费日期”或“使用期限”系统[8]。然而，由于这些日期往往基于过去的经验和假设制定，许多仍适宜消费的产品常常被丢弃。除了家庭层面的浪费问题，在目前的管理制度下，还有大量因抽样测试结果不符合标准而导致整个批次产品被处理掉的问题。在此背景下，以视觉颜色变化指示器为基础的智能包装材料有望在解决上述问题中发挥显著作用[7]。减少食物浪费是当前社会面临的重要挑战。变色的应用指标标签能够改变产品上静态“最佳”分配趋势，标注“在此之前”或“在此之前使用”的日期，并引入“动态保质期”的概念[7,8]。这一创新使得许多产品能够更好地适应市场需求，从而展现出智能包装的巨大潜力，对经济产生积极影响。

根据市场研究，智能包装在 2019 年的估值为 175 亿美元，预计到 2025 年将达到 251.6 亿美元，在此期间年均增长率为 6.78%[9]。亚太地区预计将创下最高的年复合增长率（CAGR），因此被认为是智能包装开发和利用中增长最快的区域[10]。

智能系统可分为传感器、指示器及射频识别（RFID）系统，其中 pH 值敏感的变色物质属于指示剂类别[11]。指示剂通过光学变化（如颜色变化）来测定另一种物质的存在或浓度，以及两种或多种物质之间反应所提供的信息，这些信息可以是定性或半定量的[1]。关于食品新鲜度指标，通过识别化学成分提供了微生物生长引起质量变化的信息[12]。在过去 10 年里，pH 响应变色剂的发展与生产逐步扩大。这些 pH 响应变色指示剂具有非侵入性和非破坏性的特点，同时也具备原料便宜和快速反应等优势。重要的是，这些 pH 指示剂的工作原理相对简单，即它们会与食物腐败过程中产生的代谢物发生反应并改变颜色，而这种变化可以通过肉眼观察，无需复杂工具，例如手持电子探测器，将数据传递给计算机系统进行处理以获取可理解的食品质量信息[10]。

目前常用的大多数指示剂由合成染料制成，如溴百里酚蓝、溴甲酚绿、溴甲酚紫、甲基红、甲酚红、氯酚和二甲苯[13]。然而，这些合成染料已被证实有毒且可能致癌，因此不宜用于食品。科学家一直在寻找天然替代品，以取代这些合成染料，包括基于植物来源的天然染料[13]。目前，被认为最优选择的是花青素。在过去十年中，对天然色素如花青素、姜黄素、紫草素、茜素及甜菜素等进行了大量研究[13,14]。其中，以红色花青素最为丰富且研究广泛，因其能随 pH 值变化而改变颜色[13]。

花青素主要从几种植物的不同部位提取，包括叶子、茎部、果实和花朵[13]；姜黄素则是一种常见的黄色色素，源自姜黄的根状茎[15]；而茜素与紫草素分别来自蓟科植物的根部提取出的红色色素[16,17]。同样，“甜菜碱”这一名称表明其来源于甜菜根块及叶柄，也发现于一些较少食用的植物，如红苋菜花序及仙人掌果实[18]。大多数天然色素普遍存在于植物组织中，可直接供人类食用[18,19]。此外，它们还可以从农业废弃物及食品加工过程中产生的废弃材料中获得，例如水果蔬菜的外皮及叶片[14,20]。因此，从植物中提取到的各种天然色素，为智能食品包装的应用提供了一种绿色替代方案。

本书综述了自然植物性色谱应用中的基本化学性质，以及各类天然色谱对 pH 响应时颜色变化行为的内部机制。同时，我们讨论了近年来相关研究中的问题，并介绍了基于天然着色剂制作的智能变色食品包装膜的优缺点，以及更新后的食品应用前景与挑战。

第一节 pH 指示剂

pH 值反映包装食品外部和内部性质的变化，是食品变质的重要标志之一。这些变化与微生物活性、内源性酶及蛋白质的降解密切相关，具体取决于食物的种类（如肉类、鱼类、乳制品、禽类等）以及储存条件。微生物在生长过程中释放的代谢产物（包括有机酸、胺类化合物、氯化氢、硫化物和二氧化碳等）会改变食物或其周围环境的 pH 值，如图 4-1 所示。这些变化通常被视为食品变质的迹象，并可以通过视觉指标进行识别。

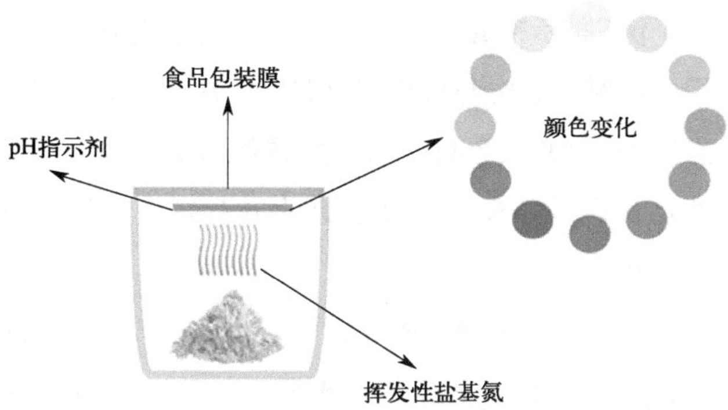

图 4-1　挥发性化合物产生引起的食物 pH 值变化及指示膜颜色变化

在这方面，包含 pH 指示剂的包装能够向消费者提供产品新鲜度的视觉信息，通过检测并记录 pH 值的变化来反映质量的变化。通常，pH 指标主要由 pH 敏感染料和固体支撑物组成，这些成分形成了一种包裹基质，并固定染料分子[21]。一般来说有三种主要方法。①物理吸附：通过离子交换将染料固定在固体支架上。②共价结合过程：将染料附着于亲水性材料基质上，例如玻璃或纤维素。③物理滞留：将染料滞留在聚合物基载体中[22]。此外，Hasan 等[23] 和 Rotariu 等[24] 制备了电化学控制电解质 pH 值的电位计生物传感器，以检测食品和饮料中存在的离子。众所周知，pH 值性能指标如灵敏度、可逆性、稳定性和响应时间均取决于所用染料类型、固体支持及固定程序。

总挥发性碱性氮（TVB-N）由氨、二甲胺和三甲胺组成，是蛋白质被腐败菌分解后产生的一类碱性化合物。这些化合物常作为指示剂检测分析对象，用以评估肉制品和海鲜的质量[25-27]。这些成分会增加食物样本中的酸碱度；另一方面，通过葡萄糖生产乙醇或有机酸发酵可以降低食品样本的 pH 值[28]。此外，二氧化碳（CO_2）气体是碳循环中的另一种终产物，其生成与微生物活动相关，会导致食物 pH 值下降，同时伴随水合氢离子的生成。换句话说，不同细菌群落会释放代谢产物，如乳酸、乙酸、氨及二氧化碳等，这些代谢产物与集成在食品包装内的指示剂发生反应，从而通过颜色变化显示出视觉信息[29]。

通常情况下，pH 指示剂起探测空气中特定气味成分（如碱性气体或二氧化碳）的作用。同时，它也与氢离子（H^+）或水合氢离子（H_3O^+）溶液发生反应。pH 敏感染料变色机制源自酸碱作用引起的电子结构变化。在此过程中，酸性化合物诱导羟基负离子上的电荷发生离域，而碱性化合物则促使它们去质子化[30]。

指标标签一般由两个主要部分构成：一部分是表现出对 pH 值响应且具有颜色变化特征的染料；另一部分是用于固定该染料的固体基质分子。目前，各种合成染料和天然着色剂已被广泛研究并成功固定在多种固体基质上，以开发 pH 敏感指示剂[25,27,31,32]。这两大组成部分共同构建了 pH 响应指标，有关详细内容请参见其他章节。

值得注意的是，在 pH 指示剂中，一个重要组成部分为变色染料，其根据不同天然色素呈现出的颜色变化进行分类，如图 4-2、图 4-3 所示。在选择这些染料时，需要考虑其满足基本要求的能力，包括与分析对象相互作用以及引发颜色变化的重要因素。因此，对于 pH 指示剂而言，其可靠且可重复的颜色变化至关重要[33]。在制备过程中，根据性质不同，将 pH 敏感染料划分为两大类：合成染料与天然着色剂。

一、合成染料

各种合成的 pH 敏感染料显示出不同的颜色，包括红色（如甲基、氯酚、苯酚和甲酚）、蓝色（二甲酚、百里酚和溴百里酚）、紫色（间甲酚紫和溴甲酚紫）、黄色/橙色（二甲基和甲基）以及绿色（溴甲酚）[34,35]。为检测 pH 变化，采用了酸-碱指示剂，如甲基橙、中性红和溴甲酚绿。所研制的指示剂在 pH 2、6 及 11 下与气体、半固体及液体接触进行测试[35]。这

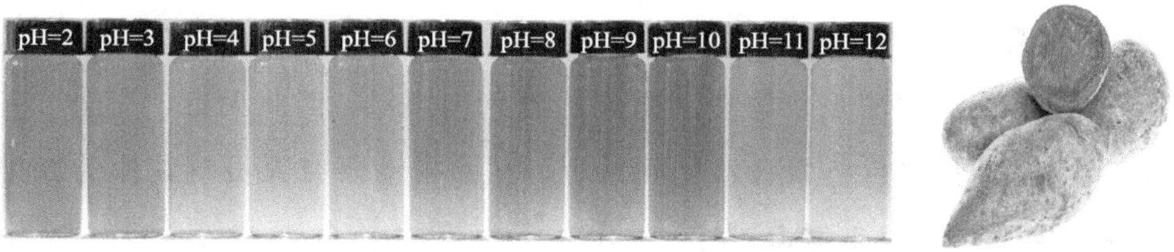

图 4-2　紫薯花青素在 pH 2～12 溶液中的颜色响应

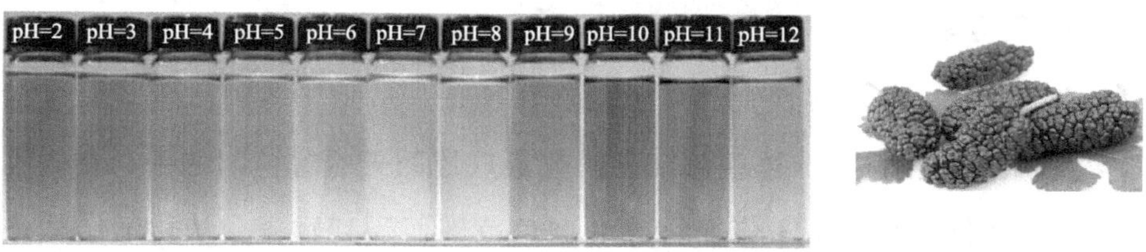

图 4-3　桑葚花青素在 pH 2～12 溶液中的颜色响应

些指示剂能够在不同 pH 值下可逆地改变颜色，以实现熟蟹智能包装[36]。研究中开发了一种基于偶氮蒽醌的纤维毡作为 pH 敏感发色团，当其接触环境时，指示灯分别显示紫色和红色以表示碱性与酸性环境。在 pH 1～4 范围内，该材料表现出从红色到绿色的变化，而在 pH 5～12 范围内则呈现从绿色到紫色的敏感反应，实现实时且可见的颜色变化。此外，该指标还展示了快速且即时的颜色变换：螃蟹在煮熟后 1.5 小时内肉眼可见由绿色转变为深紫色，并在食物样品完全变质 4 小时后变为黑色。因此，他们得出结论认为该颜色指标可以实时监控并提升食品包装外观。

在另一项研究中，Kuswandi 等[37] 开发了一种嵌入式双传感器标签，用于检查牛肉的新鲜度。由于单个传感器在实时劣化检测方面存在局限性，他们使用了溴甲酚紫和甲基红作为 pH 指示剂，以制备双传感器来克服这一缺陷。当肉类发生变质时，pH 指标在 6.23 时开始出现劣化，颜色依次由红转黄，再由黄色逐渐过渡至紫色，这一过程适用于室温及低温条件。

合成染料因其成本低廉、稳定性好、通用性强以及强度高等优点，被广泛应用于制造 pH 敏感显色材料。然而，这些合成染料也带来了明显的不利影响，例如生物相容性差及对环境的不良影响，以及潜在致癌的风险[38]。这些问题促使法律法规及消费者向天然着色剂倾斜，因此无毒、安全、高环保特性的天然着色色素日益受到重视，从而推动研究人员将其作为新型 pH 响应变色染料进行探索[39]。

二、天然着色剂

1. 花青素

花青素是一种水溶性食品着色剂和添加剂，适用于各种红色或紫色的水果、蔬菜及花卉[40]。这些色素是研究最广泛的天然着色剂之一，在食品工业中因其能够根据 pH 值变化改变颜色范围而受到重视。从化学结构来看，花青素属于多酚类黄酮，其结构由糖基化聚羟基和多甲氧基组成，并通过一个线性的三碳链连接两个芳香环。

花青素主要以糖苷形式存在，即 2-苯基苯并吡啶阳离子或黄-3-葡萄糖苷。其颜色特性随 pH 值变化而变化，这一现象源于其两性结构的修饰[41]。在低 pH 条件下，花青素以黄离子的形式存在，此时表现出最强烈的红色。当 pH 在 4～5 时，黄离子迅速水合生成无色形态，如甲醇假碱和黄酮，从而导致红色色彩强度降低。无氢碱的形成则是进一步去质子化所致。当 pH 达到 7 时，花青素呈现紫色，而在 pH 为 8 时，则显示深蓝色电离无水碱。随着 pH 进一步升高，花青素中的取代基增加并发生降解，通过无氢碱中心环裂变形成淡黄色查尔酮[42]。此外，影响花青素颜色与稳定性的因素众多，包括 pH、光照、温度、金属离子、酶活性、抗氧化剂、氧气以及羟基或甲氧基等，还包括紫外线辐射与色素沉淀。关于不同 pH 值下花青素颜色稳定性的研究表明，在低 pH 条件下易形成黄离子，花青素极易溶于水，因此这些化合物在酸性环境中更为稳定。而在碱性条件下，花青素则会分解并变得不稳定，其颜色变化更加明显[43]。图 4-4 展示了这一过程中的变色情况。

图 4-4　玫瑰花花青素在 pH 2～12 溶液中的颜色响应

2. 姜黄素

姜黄素是一种生物活性天然化合物，源自姜黄（*Curcuma longa*）的根茎。姜黄中含有四种类姜黄素衍生物——姜黄素、去甲氧基姜黄素、双去甲氧基姜黄素和环姜黄素，这些成分赋予其橙黄色的特性。其中，最关键的成分是被称为二阿魏酰甲烷的姜黄素[44]。作为一种低分子量、无毒且疏水的双酚类化合物，姜黄素不溶于水和醚，但可溶于甲醇、乙醇及二甲基亚砜。由于其提供了额外功能，如增强机械强度、紫外线保护、抗氧化及抗菌活性[31]，因此引起了人们对复合薄膜制造在包装应用中的兴趣。此外，姜黄素还表现出明显的 pH 依赖性颜色变化。

在不同 pH 条件下，由于主要结构的变化，姜黄素呈现出由七碳链组成的有序晶体结构，该结构包含 α,β-不饱和 β-二酮部分，即附着于两个邻近甲氧基苯环上的芳香环[45]。据报道，分子内氢原子的转移链发生在 β-二酮中，其结构取决于溶液的 pH、极性以及温度。在中性和碱性 pH 条件下，α,β-不饱和 β-二酮部分构成一个解离点，可作为氢供体，从而导致姜黄素发生水解与降解。在酸性或中性 pH 环境下，它以双酮形式存在，而在碱性 pH 环境下，则以烯醇形式占主导地位[46]。在 pH 1～7 范围内，它主要以双酮形式呈现黄色，并具有较低的水溶性。另一方面，其高稳定性可能与共轭二烯烃相关联。

在中性或碱性条件下，由于质子流失导致羟基苯环迅速降解，使得烯醇形式成为主导。当 pH＞7（处于碱性环境）时，随着环境改变而使得生成反式 6-(4-羟基-3-甲氧基苯基)-2,4-二氧代-5-庚烯醛成为主要降解产物，同时阿魏酸盐、阿魏酸及香兰素则是次要降解产物，这一过程伴随显著的颜色变为红色。同时研究表明，在增加碱度时，姜黄素的溶解度与稳定性也相应提高。烯醛形式是建立在C—H键中心上，其中氢原子捐赠给邻近氧原子，这一现象可归因于未配对电子的有限离域[47]。如表4-1所示，姜黄素展现出了显色特征。

表4-1　姜黄素膜在不同pH下的颜色响应

参数	pH=3	pH=4	pH=5	pH=6	pH=7	pH=8	pH=9	pH=10
L	84.21	83.98	84.01	86.17	85.99	45.75	31.23	27.91
a	−5.87	−5.91	−5.62	−5.58	−5.47	21.87	25.36	30.95
b	51.52	49.79	50.91	51.09	51.61	47.06	30.11	23.00
ΔE	51.18	51.24	50.62	50.62	50.82	71.63	75.92	78.65

3. 茜素

茜素是一种天然着色剂，属于蒽醌染料，提取自紫檀的根部，也被称为媒染剂红11和土耳其红。羟基蒽醌类化合物是媒染剂红中的主要成分，包括茜素（1,2-二羟基蒽醌）、紫外光素、假紫外光素、黄紫外光素和红宝石素[48]。茜素是一种酚类化合物，其溶解性为醇溶性，并呈现橘黄色，自古以来常用于纺织品和艺术品的染色。

从化学结构上看，茜素由两个羟基在可能的位置连接到三个共面六元碳环中。在分子结构中，通过质子转移过程，茜素在羟基与相邻的羰基氧原子之间形成了分子内氢键。其颜色变化源于中性的形成，在酸性、中性及碱性条件下分别表现为单阴离子和双阴离子的形式[27]。当pH处于2～4时，苯环上的酚羟基发生电离，同时偶氮苯染料中的硝基与偶氮基存在，使得不带电的黄色分子生成[49]；当pH提高至5～7时，由于共振效应导致酚羟基解离，从而使溶液中形成单阴离子并呈现红色[50]。进一步将pH提升至9～12，会引起酚羟基第二次解离，从而导致重阴离子的积累，并增加紫色的强度。

4. 紫草素

另一类天然着色剂是萘醌类色素，即紫草素，它通常从紫草干燥根部提取。紫草属紫草科。萘醌类化合物的主要结构由两部分组成：萘醌部分与手性六碳侧链。其中，萘烃核是必不可少的，因为它具有较高的化学反应活性。在氧气、光照、热量或酸碱作用下，该结构易受到影响并聚合[51]。然而，目前关于萘醌类化合物作为智能包装染料应用潜力的研究仍然较少。有观点认为，在中性及碱性 pH 条件下，萘醌部分可作为击穿点，引发其水解与降解。目前，仅有少数研究探讨了 pH 对水介质中萘醌物质稳定性及颜色变化的影响，并采用了响应式变色膜技术。

Dong 等[52] 和 Huang 等[53] 专门研究了萘醌类化合物作为肉制品新鲜度指标时所表现出的颜色反应。他们证明腐败会显著影响萘醌色素的比色标记，其颜色变化与鱼样本中的总活菌数及 TVB-N 含量相关联，以此确定腐败阈值。此外，他们还报道了这些化合物在 pH 5～9 范围内展现出最高稳定性的玫瑰红，而在稀碱环境下则迅速从蓝紫色转变为深蓝色。在 pH 达到 10～12 时，这些发色团因不稳定而降解，从而产生显著的颜色变化[52]。

5. 甜菜素

甜菜素是一种天然食用色素，主要存在于甜菜和火龙果中，呈现红、紫及深红色。甜菜碱，又称为色素生物碱，是一种水溶性化合物，其基本结构中含有氮元素[54]。根据其成分的不同，甜菜素可分为两个亚组：第一组由红/紫色 β-花青素组成，包括 β-花青素酸（发色团）和环-3,4-二羟基苯丙氨酸（环多巴）；第二组则包括黄橙色的 β-内酰亚胺，这些成分是 β-氨基丁酸与氨基酸或胺的缩合产物[55]。这些天然着色剂被广泛应用于各种食品中，如肉类、乳制品、家禽及软饮料等[56]。

由于其较好的安全性以及无毒性和过敏反应，甜菜素已获得 FDA 批准，并在酸性和中性 pH（pH 3～7）下表现出良好的结构稳定性，使其成为低酸性及中性食品的理想天然食用色素。然而，在某些条件下，甜菜素会变得脆弱，例如在碱性 pH、高光照、高温、酶作用及氧气存在时。有趣的是，当处于高 pH 环境时，甜菜素可能发生结构变化并伴随颜色变化。蒸馏水中的自然 pH 约为 3.85，因此呈现红色色调；当 pH 维持在 3～7 范围内时，其溶液也保持相同颜色[57]。当 pH 升高至 8～9 时，溶液颜色转变为橙色，当 pH 进一步升高至 10～12 时，则变为黄色，这表明在碱性溶液中，甜菜菁苷逐渐降解，形成无色的环多巴-5-*O*-(丙二醇)-β-葡萄糖苷以及黄色的甜菜菁酸[58]。

尽管关于使用甜菜监测虾和鱼的新鲜度已有两份报告，但目前对颜色指示剂方面的研究仍较少[56]。考虑到其对 pH 敏感的特征，甘蓝根作为颜料具有很大的潜力，可以引入智能包装作为指示剂。大量研究揭示了天然着色剂在制造 pH 指示剂方面的有效性能，表明它们在食品包装中的应用前景广阔。这些染料不仅天然且环保，还具备抗氧化活性，有助于防止脂质氧化，从而适用于高脂肪含量的食品（如肉类产品）。然而，天然着色剂面临一些稳定性的挑战，例如，在恶劣的温度与光照条件下容易降解。因此，即便近年来专利申请数量有所增加，在包装应用领域内合成染料仅占总市场价值的 5%，仍未能完全取代天然染料[59]。

三、固体载体

pH 响应指示剂通常由两种基本成分组成：染料和固体载体。染料是随着 pH 值变化而变色的主要成分，而固体载体则被定义为固定染料的基材(通常为聚合物基质)[60]。固体支撑材料可以单独或组合应用于固定化 pH 敏感染料的传感器。原则上，固体支撑材料应具备微观结构和适当的表面性能，以促进染料均匀扩散，同时避免基材材料与着色剂之间发生反应。此外，疏水性基质有助于减少湿度对性能的影响[30]。

最常用的固体载体包括合成聚合物和生物聚合物。合成聚合物是一种高度通用的材料，其来源于石油衍生物，具有优异的物理、化学和机械性能，从而形成保护屏障以抵御外部刺激、环境条件以及微生物/物理化学损害[61]。然而，过度使用石油基聚合物引发了全球关注，并导致严重的环境问题，因为石油基塑料不可降解废弃物不断积累。在食品工业中，消费者日益增强环保意识，推动了对减少浪费和采用环保材料需求的增长[62]。因此，用生物聚合物取代石油基聚合物在相对较短的时间内逐渐流行起来。

利用可再生资源开发可生物降解且生态友好的生物聚合物，在消费者中获得了广泛认可，并在包装设计中受到重视。生物聚合物来自自然界中的植物和动物，是天然高分子，其长链分子亚单位能够在环境中降解，因此符合替代不可降解石油基高分子材料的要求。诸如多糖、蛋白质、脂质及其混合形态等各种类型的生物聚合物已被用于潜在应用，如包装材料。其中，以多糖为基质的生物聚合物，例如壳聚糖、淀粉、琼脂、卡拉胶，以及蛋白质如明胶和玉米蛋白，由于其优良的膜形成特性与适宜结构，被广泛研究作为制备 pH 指示剂时所需之固体支撑材料[63,64]。此外，多种有用的生物聚合物可从农业副产品中获取，这是实现零浪费的一项额外优势[20]。例如，海产品工业中的副产品，如鳃、皮肤边角料以及甲壳类动物壳，可用于生产几丁质与壳聚糖；另一方面，水果与蔬菜加工过程中产生的废弃部分，如种子、果皮、茎秆碎屑及果渣，则是果胶与纤维素的丰富来源[65,66]。此外，大量海藻也能用于生产如海藻酸盐、卡拉胶及琼脂等多种类型的生物聚合物，在食品包装领域展现出极大的潜力[67,68]。这些重要特性，包括无毒性、生物相容性、生物可降解性以及膜形成能力，使得这些天然高分子成为智能包装发展的理想替代品[69-71]。然而，它们相对较低的完整性、防护能力及机械性能限制了实际应用范围。

为了克服上述缺陷，各类方法被提出，例如将两种或更多类型的生物聚合物进行混配，又或者将功能填充剂添加至其中，以赋予薄膜额外功能[72]。当将针对 pH 值敏感的着色剂加入这些智能包装系统时，可以提供其他特征以指示食品质量安全。因此，以生物聚合物为基础的包装不仅具备实时监测食品质量所需之 pH 值指示功能（图 4-5），更成为一种较好选择。

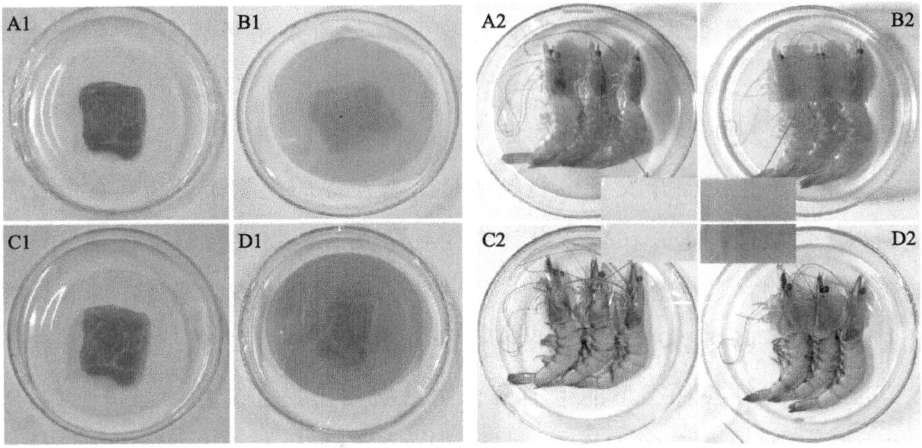

图 4-5　pH 指示膜对猪肉（A1、C1 对照组）和虾（A2、C2 对照组）pH 颜色响应

第二节　pH 指示膜的应用

评价食品质量的常用方法主要包括化学分析和微生物分析。然而，这些方法通常在实验室环境中进行，并且需要一定时间才能获得分析结果，这使得生产者、零售商及消费者难以迅速判断供应链中包装食品的质量特性。食品质量的变化始于加工和包装阶段，并在分销与储存过程中持续发生[73]。pH 指示剂包装技术的出现，使得在整个供应链中直观地评估包装食品的质量特性成为可能。表 4-2 总结了近年来关于 pH 指示膜在各类食品应用中的相关研究报道。

表 4-2　天然着色剂掺入生物聚合物的 pH 指示膜在各种食品新鲜度指示中的应用

食物	膜基质	天然色素	色素来源	参考文献
猪肉	壳聚糖	花青素	紫薯	[74]
猪肉	壳聚糖/聚乙烯醇	花青素	红甘蓝	[75]

续表

食物	膜基质	天然色素	色素来源	参考文献
鸡肉	壳聚糖/果胶	花青素	朱槿	[76]
猪肉	壳聚糖/淀粉/聚乙烯醇	花青素	罗赛尔花	[77]
香肠	琼脂/木薯淀粉	花青素	红甘蓝	[78]
猪肉	琼脂/土豆淀粉	花青素	紫薯	[79]
猪油	κ-卡拉胶/羟丙基甲基纤维素	花青素	马氏李	[80]
鸡肉	木薯淀粉	花青素	蓝莓	[81]
猪肉/鱼	木薯淀粉	花青素	葡萄	[82]
猪肉/海鲜	再生纤维素	萘醌	软紫草	[52]
猪肉/鱼	淀粉/明胶	花青素	红萝卜	[83]
牛肉/鸡肉/虾/鱼	壳聚糖	花青素	紫荆花	[84]
猪肉/虾	木薯淀粉	花青素	黑果枸杞	[85]
虾	PCL/PEO 纳米纤维	花青素	巴西莓	[86]
虾/鱼	果胶	花青素	红甘蓝	[87]
鱼	κ-卡拉胶	姜黄素	姜黄	[88]
虾	壳聚糖	姜黄素	姜黄	[89]
虾/鱼	壳聚糖	花青素	黑米糠	[90]
鱼	壳聚糖/玉米淀粉	花青素	红甘蓝	[91]
鱼	聚乙烯醇	花青素	无花果	[92]
鱼	红藻胶	花青素	甜菜根	[93]
鱼	琼脂	萘醌	软紫草根	[53]
鱼	塔拉胶/纤维素	花青素	山葡萄果壳	[94]
鱼	淀粉/聚乙烯醇	花青素	木槿	[95]
鱼	葡甘露聚糖/聚乙烯醇	花青素	龙眼果皮	[56]
鱼	细菌纤维素纳米纤维	花青素	胡萝卜	[41]
鱼	醋酸纤维素纳米纤维	茜素	茜草科植物根系	[96]
鱼	壳聚糖	茜素	茜草科植物根系	[50]
虾	果胶	花青素	姜黄	[31]
鱼	淀粉/壳聚糖	茜素	茜草科植物根系	[27]
虾/牛奶	κ-卡拉胶	花青素	黑果枸杞	[97]
鱼/牛奶	明胶/壳聚糖	花青素	红萝卜	[98]
牛奶	壳聚糖	花青素	紫茄子	[42]
牛奶	壳聚糖/聚乙烯醇	花青素	红甘蓝	[99]

续表

食物	膜基质	天然色素	色素来源	参考文献
牛奶	壳聚糖/纤维素	花青素	黑胡萝卜	[100]
牛奶	塔拉胶	花青素	葡萄皮	[101]
牛奶	淀粉/聚乙烯醇	花青素	紫薯	[102]
牛奶	淀粉	花青素	胡萝卜	[103]
芝士	聚乙烯吡咯烷酮/羧甲基纤维素/细菌纤维素/瓜尔胶	花青素	红甘蓝	[104]

一、肉类和肉类制品

鲜肉是一种易腐烂的食品，容易受到生理变化的影响。大多数肉类在屠宰后的 3～4 天内就会变质，即使在冷藏条件下也不例外。肉类含有必需营养素，例如适合微生物生长的氨基酸、糖和核苷酸。随着腐烂过程的进行，这些化合物通过微生物代谢产生生物胺、氨、硫化氢、吲哚和有机酸，从而导致强烈的气味、异味及颜色变化[105]。因此，肉类工业亟需强大且简便的工具，以评估包装肉类的质量，并预测其保质期与腐败程度。

采用以天然着色剂为基础的 pH 指示剂检测由这些挥发性微生物代谢产物所引起的食物 pH 变化，显示出不可逆转的颜色变化[84]。Zhang 等[84]通过添加 pH 敏感的紫荆花提取物制备了壳聚糖基指示剂。这种壳聚糖膜指示剂随 pH 增加发生显著变化，其颜色由红色转变为绿色，是一种方便且无损伤的方法，用于监测猪肉腐败情况[78]。此外，通过将红甘蓝花青素与琼脂/木薯淀粉基薄膜结合，用于评估牛肉香肠的保质期。在连续 3 天中，每日监测香肠因变质引起的 pH 变化。最初，亮紫色指示膜（pH 5.80）在暴露 24 小时后分别变为浅紫色（pH 5.85）、深紫蓝色（pH 6.12）和紫绿色（pH 7.12）。

Vo 等[75] 将红甘蓝花青素掺入壳聚糖/聚乙烯醇中，以开发用于监测猪肉新鲜度的新型混合薄膜指示器，该薄膜最初呈半透明海绿色，在接触猪肉片 24 小时内表现出明显的颜色变化。在 12 小时的暴露时间内，该薄膜经历了持续的颜色改变，由粉红色逐渐转为黄绿色，表明微生物作用形成了一个最初呈酸性的环境，然后过渡至碱性环境。

Dudnyk 等[87] 制备了一种含有红甘蓝花青素和果胶的新型薄膜，用于监测各种类型肉类及海鲜产品的新鲜度。当该指示膜暴露于微生物释放出的挥发性胺时，其颜色从紫色急剧转变为黄色，同时伴随 pH 值上升。而 Othman 等[76] 则利用木槿花提取物制备了壳聚糖-玉米淀粉复合薄膜，以监测鸡胸肉的新鲜度。随着 pH 上升，由于嗜酸细菌对肌体造成侵蚀，以及胺和氨的积累，该薄膜由紫灰色逐渐演变成深灰色或绿色。

Luchese 等[81] 针对鸡胸肉进行了另一项研究，他们从蓝莓残渣中提取花青素并制备木薯淀粉基 pH 指示膜，用以监控鸡胸肉在 6℃条件下储存 10 天期间的变化状况。同样地，Choi 等[79] 的工作涉及从紫甘薯中提取花青素，并将其掺入琼脂-马铃薯淀粉复合材料中，实现对猪肉的实时监控。当猪肉 pH 增加时，该薄膜由红色转换为绿色，这是腐败进程的结果。

Zhang 等则将玫瑰花青素掺入不同类型生物聚合物流体，以检测包装猪腿的新鲜度。他们分别制备了淀粉/PVA、淀粉/壳聚糖以及 PVA/壳聚糖三种不同组合，并测试了它们对氨蒸气反应的灵敏度。在 25℃条件下，玫瑰花青素-淀粉/PVA 复合材料展现出最高的敏感性，可作为判断猪腿新鲜度的重要指标。这一复合材料最初呈现红色色调，但经过 60 小时储存后逐渐转向绿色，而 72 小时后最终呈现黄色，这表明随着时间的推移，猪腿肉质量正在不断恶化。

Yong 等[106] 在不同类型壳聚糖薄膜中加入紫米或黑米提取液（PRE/BRE），开发出了具有 pH 敏感特性的包装材料，用以检测猪腿肉的新鲜度。当 pH 从初始值 6.15 增至 6.33 时，PRE 薄膜出现明显的颜色改变；相较之下，当观察到橙色色调（pH 2）向紫色色调（pH 10）转换，再到最后达到紫灰色（pH 12）时，则未见显著可视差异。这一系列实验同样适用于鸡胸脯肉包装，在 48 小时内有效跟踪其新鲜度。在任何温度条件下，此厚层均表现出自赤褐至灰褐之间的一致性色彩转换，这是由于去质子化过程中生成挥发性氨化学品所致。Qin 等[85] 开发了一种基于木薯淀粉和枸杞花青素的 pH 敏感包装薄膜，并测试了其在监测猪肉新鲜度方面的有效性。在 pH

2～13 范围内，该薄膜表现出明显的颜色变化。当猪肉样品的 pH 在 48 小时内由 5.96 升高至 7.45 时，经过 24～32 小时后，猪肉样品上的薄膜从最初的粉红色变为深紫色/灰色，随后转变为黄绿色，表明随着时间的推移，猪肉质量逐渐劣化。Dong 等[52] 采用从阿拉伯草中提取的萘醌染料，通过原色法制造再生纤维素比色膜，以评估包装后在 20℃、4℃及－20℃条件下保存 5 天的新鲜度。随着 pH 值增加，膜的颜色由玫瑰红转变为紫色，再进一步变为蓝紫色，从而指示出挥发性碱性氮含量上升并表明猪肉发生了变质。Chayavanich 等[83] 利用淀粉/明胶与红萝卜花青素制备了 pH 敏感薄膜。当 pH 2 时，该薄膜呈现橙色；当 pH 10 时，则呈现紫色；而在 pH 12 时则显示为紫灰色。这种薄膜被应用于鸡肉包装，并对鸡肉新鲜度进行了持续监测。在任何温度下，该薄膜均表现出颜色由红色向灰紫色转变，这一变化是由于在变质过程中产生的挥发性胺化合物导致花青素去质子化所致。

二、鱼和海鲜产品

鱼类和海产品是高度易腐的食品，已知其分解主要通过三种机制进行：酶分解、微生物腐败和脂质氧化。其中，微生物腐败是导致海产品品质下降的主要原因。与肉制品类似，在微生物降解过程中，海产品会产生挥发性碱性氮、三甲胺、硫化物、酯类、醛类及酮类等多种微生物代谢产物，这些代谢副产物是鱼类和海产品变质后特征气味的来源[107]。在这些代谢化学副产物中，挥发性碱性氮和三甲胺被广泛用作评估腐烂程度及保质期的指标。这些化合物在包装顶空中积累，会因其碱性而导致膜的 pH 值发生变化。

近年来，利用生物聚合物和天然着色剂开发 pH 敏感材料用于鱼类及海产品智能包装的研究逐渐增多。例如，Silva-Pereira 等[91] 制备了壳聚糖-玉米淀粉-甘蓝提取物复合膜作为 pH 指示膜，用于测定鱼片的新鲜度。在室温（25℃）和冷藏温度（4～7℃）下，对鱼片的腐败程度进行了为期 7 天的评估。结果显示，在室温下保存时，该透明膜在 16 小时内未出现颜色变化，而在 72 小时后开始变蓝，并最终转为黄色，表明完全变质；相对而言，在冷藏条件下，鱼片的腐败过程较慢。72 小时后，该膜呈现蓝色，而到第 7 天则变为黄色，同样表明完全腐烂。

Ma 等[94] 将白葡萄酒加工副产物——葡萄皮提取液掺入塔拉胶-纤维素纳米晶体薄膜中，以此作为 pH 指示着色剂来监测鱼类的新鲜度。研究结果表明，当 pH 增加时，鱼肉颜色由粉红色转变为黄绿色。此外，还有一项研究采用聚乙烯醇-壳聚糖纳米颗粒薄膜结合桑葚提取液监测鱼品质，结果显示随着 pH 升高，薄膜颜色从红色转为绿色[92]。该作者还制备了姜黄素掺入塔拉胶-聚乙烯醇基 pH 传感薄膜，并测试其监测虾腐败的效果[108]。该显色膜初始呈黄色，但在高浓度氨的作用下转为棕色，再置于酸性环境中又恢复至黄色，从而展示出明显可逆性的颜色变化。

Wu 等[89] 开发了一种用于海鲜智能包装的新型薄膜，由壳聚糖（CS）与氧化几丁质纳米晶体（O-ChNCs）构成，并加入姜黄素以监测新鲜度。当这种薄膜应用于海鲜包装时，可以观察到随着食品样本 pH 的增加，其颜色明显从黄色变化至红色。同时，通过对黑米糠进行测试，发现花青素也能使用相同类型的聚合物流体实现类似功能[90]，其中黑米糠花青素溶液在 pH2.0～12.0 范围内展现出从红色到灰绿色之间的显著变化，因此建议含有 3%花青素（以纳米复合聚合物流体质量比计算）的薄膜最适合检测虾新鲜度之用。

Liu 等[88] 研发了一种姜黄素和 κ-卡拉胶复合薄膜，用于虾的新鲜度监控。在 pH 3.0～7.0 范围内，该薄膜呈淡黄色，但当 pH 从 7.0 增加至 8.0 时，其红色明显增强，使色差值 a 值从 −5.47 急剧上升至 21.87，可见颜色由浅黄色转为深褐色，从而反映出虾肉质量下降。此外，他们还开发了含枸杞提取液的 κ-卡拉胶基显色情报层，用于同样的目的[97]。在储存过程中，此显色情报层表现出明显的颜色变化，从浅灰色（0h）过渡至蓝绿色（36h），再到黄色（72h）。

Moradi 等[41] 研制了一款基于细菌纳米纤维素与黑胡萝卜花青素组合所形成的智能 pH 感应指示剂。他们利用该指示剂来追踪虹鳟与鲤鱼片在

4℃储存期间的新鲜/腐败状态。在 pH 2～11 区间内，该指示剂的显色由红色连续演变为灰色，色差显著，易于区分，同时可以直观地区分两者的新鲜阶段（深胭脂红色）、最佳食用阶段（迷人的粉红色）以及变质阶段（卡其色）。虹鳟与鲤鱼片初始 pH 分别为 6.36 和 6.20，而经过 4℃储存结束时 pH 分别达到 7.09 和 7.22。这一现象说明了由于微生物代谢产量及内源酶活性的影响使得水产品中的 pH 上升。

此外，Huang 等[53] 开发了一款用于检测鱼类新鲜度的指示剂膜，该薄膜以琼脂为基质，并添加了从赤藓根中提取的浓缩着色剂蒽醌。该着色剂对 pH 值高度敏感，能使薄膜随 pH 变化产生显著的颜色差异，随 pH 改变呈现明显的颜色差异。该膜被用作新鲜鱼标签，用于监测武昌鱼的新鲜度。颜色指示标签最初为粉红色，在 16 小时后变为紫色，在 25℃下 24 小时后变为蓝紫色。

Ezati 等[50] 通过添加茜素制备壳聚糖基 pH 指示剂膜，该指示膜对因鱼类腐败引起包装顶空氨蒸气排放导致 pH 值改变有明显的颜色响应。指示膜的颜色由微黄色转为紫红色，并且在 pH 4～10 范围内表现出灵敏性。随着包装鱼类 pH 的改变，颜色从卡其色转为浅棕色，表明鱼开始变质。Ezati 等[27] 还使用茜素与淀粉-纤维素纸结合来跟踪虹鳟鱼切件新鲜度，ASC (alizarin-starch-cellulose) 指标在 pH 2～11 范围内由黄色转为紫红色，色彩仍保持稳定，即便经过两个月低温储存后，也不会受到影响。而该指标所体现出的颜色情况，与切件中的 TVB-N 含量一致。另外一项研究中，Ezati 等[31] 制备了一种以果胶为基础并结合姜黄素制成的标识器硬质帽子，并将它应用于虾包装。随着虾品质的改变，此硬质帽子展现出了非常明确且引人注目的从黄色到橘黄色的间隔式颜色更替。此外，由于姜黄素具有抗菌性能，使得此膜具有良好的抗氧化能力。

三、牛奶和奶制品

牛奶及其他乳制品（如奶酪、黄油和酸奶等）是必不可少的食品，尤其对素食者而言。牛奶来源于多种牛，每种牛的乳汁成分各具特色。例如，牛奶由87%的水、5%的碳水化合物、4%的蛋白质、3.5%的脂肪及维生素和矿物质组成。然而，这些成分会因不同物种及其生活环境而有所变化。这些成分决定了加工产品的特性和所需包装类型。市场上每一种具有不同属性的产品也有相应的品类。因此，对包装牛奶和乳制品进行研究成为包装领域研究人员面临的一项重大挑战。

大多数牛奶和乳制品在冷藏温度下进行分发、处理与储存，因此智能包装在确定产品保质期和质量方面至关重要。在过去10年中，人们对智能包装技术在牛奶与乳制品中的应用进行了大量研究，但仅有少数研究采用了天然pH指示剂。Pereira等[99] 将从红甘蓝中提取的花青素添加到壳聚糖-PVA薄膜中，以制备用于监测牛奶变质的指示材料。当温度升高至冰点以上时，牛奶开始变质，其pH从6.7下降至4.6，此时指示剂颜色由深灰色转为深粉红色，表明牛奶已发生变质。

在另一项研究中，Ma等[101] 制备了一种含有葡萄提取物的塔拉胶-纤维素纳米晶体基薄膜。当pH从1.0变化到10.0时，该膜的颜色由鲜红色转为深绿色。在48小时的常温监测期内，随着牛奶pH从6.48降低至2.94，该膜的颜色转变为深红色，指示牛奶因酸化而腐败。当pH从6.48降至2.94时，该膜呈现出深红色，从而表明牛奶已经腐败。此外，Liu等[102] 通过添加紫甘薯提取物中的花青素开发了基于淀粉-PVA的新型pH响应膜，用以监测巴氏杀菌乳中的pH变化。在室温下保存48小时后观察到视觉差异：随着时间的推移，该指示膜颜色逐渐变为红色，与此同时也反映出与之相关联的牛奶变质情况。

Zhai等[98] 利用明胶、结冷胶及红萝卜花青素提取物开发了一种可食用且敏感于pH变化的薄膜，用于智能食品包装。在pH 2～12范围内，该指示膜颜色由橘红色转为黄色。经过25℃保存48小时后，当检测到牛奶酸度从14.78°T增加至25.67°T时，该薄膜则显现出明显变红的现象，其红色通道的数值（r值）亦随之提升，从232增至253，这一结果进一步确认了该样本已发生变质。

Liu等[97] 还测试了加入枸杞提取物的κ-卡拉胶薄膜用于虾的新鲜度的

监测。初始状态下，新鲜牛奶（pH 6.71）的指示膜呈灰色，而经过 48 小时储存后，则转为深粉红色（pH 4.24），显示出此期间已出现腐败迹象。同时，Yong 等[42] 使用紫茄子和黑茄子的提取液作为花青素源来制备壳聚糖基 pH 敏感薄膜。其中紫茄子和黑茄子的花青素含量分别达到 93.10mg/g 和 173.17mg/g，由于两者之间存在差异，因此含黑茄子提取液的薄膜表现出的颜色变化更为明显；随着 pH 降低，其颜色由高 pH 时段所呈现的绿蓝色逐渐过渡至适合监测牛奶新鲜度的紫色。

此外，Tirtashi 等[100] 在壳聚糖/纤维素基材中使用黑胡萝卜花青素作为显色剂，以监测牛奶的新鲜度。他们针对不同 pH 缓冲液对黑胡萝卜提取液进行研究，发现当 pH 处于 2～6 时，显示为粉红色，在 pH 7 时则呈紫色，而当 pH 达到 8～10 时则转为蓝色，随着 pH 增加至 11 时则呈现灰色。采用该指示膜对初始 pH 6.6、TA＝16°D 的巴氏奶开展新鲜度监测，在 20℃储藏 48 小时后，pH 和 TA 分别上升至 5.7 和 26.5°D。对应地，指示膜在 24 小时内经历从蓝色到淡紫色的变化，再经保存 48 小时时则呈现紫玫瑰色，这均表示牛奶已经发生明显的腐坏。

最后，使用淀粉与胡萝卜花青素制备另一款用于检测牛奶新鲜度的 pH 传感材料[103]。保鲜状态下（pH 6.5，TA＝17°D）的牛奶在 20℃条件下储存 48 小时后，膜体颜色从深蓝色转化为紫色（pH 5.7，TA＝28°D）。最近，Bandyopadhyay 等[104] 制备了一种多组分水凝胶膜，由聚乙烯吡咯烷酮-羧甲基纤维素-细菌纤维素-琼胶（PVP-CMC-BC-GG）与红甘蓝花青素构成，用于检测奶制品的质量状况。这一 pH 指示剂最初放置于起酪产品上，即会因与其中存在的乳酸及其他有机酸相互作用而微泛起淡粉红色；同时，在酸性环境影响下，它又能由于花青素转化成黄酮类化合物而表现出赤褐色，而在碱性条件下，则因形成假碱态甲醇使得其外观趋向于绿色。在整个储存过程中，随着奶酪品质的改变，此类薄层材料能够清晰展示出明显且直观的颜色变化。

第三节　商业监测指标

新鲜食物 pH 指示包装材料的研究可以追溯到 20 世纪 50 年代。然而，市场上可商用的相关产品数量仍然相对较少。此外，目前尚未有关于使用天然着色剂制造智能比色 pH 传感产品的报道。几乎所有商业化产品均采用合成染料以实现这一目的。目前，各种显色指示剂已在商业上应用于评估短保质期食品的新鲜度，例如鱼、肉和家禽。图 4-6 展示了市场上可获得的一些指示剂标签。

Fresh Tag® ［图 4-6(a)］比色指示剂由 COX Technologies（Plainfield，IL）于 1999 年推出，是首个用于食品应用的商业化 pH 指标。该指标通过检测包装鸡肉和海鲜产品变质过程中产生的挥发性胺来监测其新鲜度。当挥发性胺在包装顶部空间中积聚时，pH 值增加，指示剂颜色从黄色转变为深蓝色。然而，自 2004 年以来，该指标已停止商业化。

RipeSense® ［图 4-6(b)］是由新西兰公司 RipeSense 与新西兰植物与食品研究所共同开发的第一款智能传感器标签，其颜色变化显示果实的成熟程度。该传感器通过响应水果成熟时释放出的气体或香气改变水果外观，从而显示其成熟状态。从水果中释放出的香味物质主要是酯类，这是一种脂肪酸衍生物，因此呈酸性。这款比色传感器标签最初为红色，然后随着水果逐渐成熟，依次转变为橙色及最终的黄色。这使得消费者只需检查传感器标签上的颜色，即可选择不同成熟程度的果实。

另一种生物胺传感器由食品质量传感器国际公司（Lexington，MA）以品牌名称 SensorQ® ［图 4-6(c)］销售。该指标被附加并应用于肉类和家禽包装内部，以直观地向消费者表明产品的新鲜度。这一指示剂能够检测由于挥发性胺化合物形成而导致的 pH 变化，从而反映出包装食品的微生物降解情况。当传感器呈橙色时，表示产品新鲜或微生物生长不明显；当包装内细菌浓度超过阈值时，指示剂颜色则会变为棕褐色，表明发生了腐败。

CheckPoint® [图 4-6(d)] 是由瑞典 Vitsab International AB 公司开发的另一种基于 pH 的食品质量指示标签。该指示标签最初处于非激活状态，由两个小袋组成。其中一个小袋含有被氯化钙粉末吸收的脂肪，并悬浮在与 pH 敏感比色化合物混合后的水中；另一个小袋则包含脂肪酶。这两个小袋之间隔有一屏障层，随着时间推移，该屏障层逐渐分解，使得酶与脂肪发生反应生成癸酸。而这种酸又会与 pH 敏感化合物反应，使其颜色从深绿色转变为浅黄色。利用不同组合及浓度下酶、底物制备出的各种类型指示剂具有不同活化时间和功能，并能在不同温度下工作。

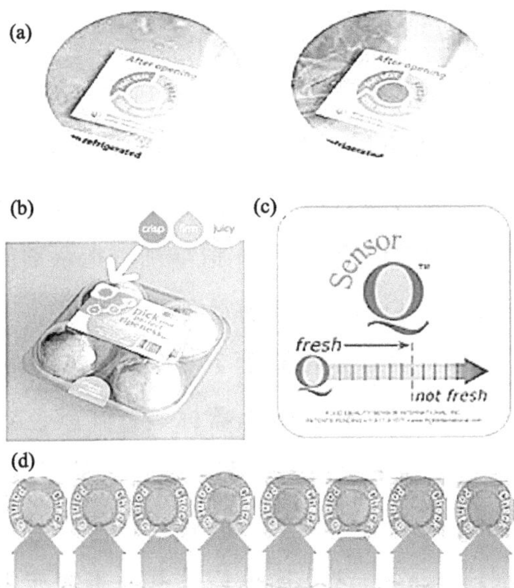

图 4-6 市售的比色指示剂标签

(a) Fresh Tag®；(b) RipeSense®；(c) SensorQ®；(d) CheckPoint®

第四节 pH 指示包装系统的挑战与展望

近年来，利用 pH 敏感彩色指示膜或标签的智能包装作为一种实时检测和判断食品新鲜度及质量的便捷方式逐渐兴起。特别是，随着公众对食品安全与环境保护关注的提升，对使用天然生物聚合物和天然着色剂替代石油基材料，以实现生态友好和生物相容性的指示膜需求日益增加，这在智能包装领域中愈发显著。然而，如前一节所述，目前由天然色素和天然生物聚合物制成的环保、安全显色剂产品仍然较为稀缺。这项技术的发展面临诸多限制与挑战，从而阻碍了其商业化进程。

大多数食品变质主要源于微生物的滋生。微生物作用下形成的酸性或碱性代谢产物可以通过 pH 敏感颜色变化指示膜进行检测。理想情况下，指示灯颜色变化薄膜应与这些代谢产物浓度成正比，而这一比例则取决于变质程度。然而，大多数指标在用于检测腐败代谢产物浓度时存在一定的局限性。在肉类和海产品中，总挥发性碱性氮（TVB-N）及有机酸（如乳酸、丙酮酸、乙酸等）是最显著的代谢产物，在牛奶及乳制品中亦然。因此，截至目前，大部分关于基于天然着色剂之 pH 敏感膜的研究主要集中于肉类、海鲜及乳制品，而对水果和蔬菜的相关研究相对较少。

此外，基于天然着色剂的 pH 传感器有效性的提升也是一项挑战。一般而言，大多数天然着色剂无法在食品变质早期及时反映出质量的变化。在腐败初期，这些代谢产物浓度极低，以至于 pH 响应型颜色指示膜未能表现出明显颜色变化。而大多数食品变质后的 pH 通常位于 5.0～7.0 范围内，即趋向微酸性或接近中性。然而，多数天然着色剂在接近中性的狭小 pH 范围内很少展现出明显颜色变化；另一方面，在非常低或非常高的 pH 下，它们会出现显著的颜色改变。此外，天然着色剂的变色情况还受到提取来源的影响。如图 4-7 所示，不同来源的花青素着色剂具有不同程度的 pH 响应性色彩变化。

液体产品（如牛奶和果汁）的指标使用也面临另一种限制。大部分用于制造 pH 感应膜的生物聚合物及天然染料均为亲水性质，因此长时间暴露在液体环境中可能导致降解。一种解决方案是在指示剂上涂覆疏水薄膜，但这不可避免地降低了其灵敏度。此外，由于绝大多数 pH 传感膜直接接触食品，其中添加到指示剂中的成分很可能迁移至食品中，从而引发法律问题，并限制了这些传感器在商业上的应用。

图 4-7　不同天然来源（蝶豆花、石榴和紫苏）花青素的 pH 依赖性颜色变化

第五节　结论和未来展望

近年来，利用颜色指示器对食品质量进行实时监控在智能食品包装应用中得到了广泛普及。这些产品使得从生产者到最终消费者的整个供应链中的食品质量控制变得更加便捷和合理。在各种智能包装技术中，比色传感器因其易于使用而受到青睐，因为它们允许消费者直观地检查食品质量，而无需依赖复杂的分析方法。

目前，许多显色剂主要是基于 pH 变化而变色的合成染料。然而，这些合成染料引发了严重的安全问题，因为它们可能会从传感器标签上泄漏并迁移至包装食品中。为了解决这一问题，近年来开发了多种天然着色剂，如花青素、甜菜素、姜黄素、紫草素和茜素，以取代人工合成化学染料。这些天然着色剂已被证明是安全有效的，因此成为替代合成染料的重要候选者。以天然着色剂为基础的颜色指示剂已经成功应用于肉制品（如牛肉、猪肉和家禽）、海鲜与鱼类产品（如虾和鱼片）以及乳制品（如牛奶和奶酪）。然而，目前关于智能包装在水果、蔬菜及农产品中的应用研究仍然较少。此外，大多数天然着色剂对 pH 的敏感性略低于化学染料，这是需要改进之处之一。因此，有必要强调基于天然着色剂的智能 pH 响应指示膜在智能食品包装应用中的局限性，并指出该领域未来的发展应致力于提高颜色指示材料对 pH 变化的敏感性。

此外，目标分析物也存在一定限制，例如检测阈值的问题，这要求研究人员寻找能够产生更快速反应的新型目标分析物，以准确表征食品质量。由于大多数食品容易受到微生物污染，因此亟需开展更多研究来检测常见的微生物标志物。当食品发生细菌污染时，会释放出细菌酶，这些酶会导致食材变质。因此，需要进一步研发能够对食品表面释放出的微生物酶做出反应的比色材料，从而实现早期识别食品质量变化及其污染阶段。这类材料已被用于通过提供比色信号，在早期阶段检测生物医学设备中的微生物污染。当细菌开始在食品中繁殖时，其 pH 会下降至微酸性，因此必须开发出更灵敏的小范围内 pH 响应材料，以捕捉这些细微变化。

开发一种具有独特变色情况且能在中性 pH 范围内工作的指示剂，对于确定早期品质变化尤为重要，尤其是在大多数包装食品中。因此，有必要提高 pH 指示剂在 pH 5.0～7.0 范围内的敏感度。这将有助于扩大单一 pH 感测材料在各类食品中的适用范围。尽管如此，以天然着色剂为基础的 pH 响应性色彩指示材料仍展现出巨大的潜力，可望推动可持续的智能包装应用。预计基于天然着色剂构建的食品质量指标将在商业层面迅速扩展，因为当前该领域正在进行大量相关研究，同时消费者与生产者对于智能包装日益增长的兴趣亦不容忽视。

参考文献

[1] Ghaani M，Cozzolino C A，Castelli G，et al. An Overview of the Intelligent Packaging Technologies in the Food Sector. Trends Food Sci Technol，2016，51：1-11.

[2] Commission Regulation (EC) No 450/2009 of 29 May 2009 on Active and Intelligent Materials and Articles Intended to Come into Contact with Food. Off J Eur Union，2009.

[3] Realini C E，Marcos B. Active and Intelligent Packaging Systems for a Modern Society. Meat Sci，2014，98 (3)：404-419.

[4] Heising J K，Dekker M，Bartels P V，et al. Monitoring the Quality of Perishable Foods：Opportunities for Intelligent Packaging. Crit Rev Food Sci Nutr，2014，54 (5)：645-654.

[5] Toma L，Font M C，Thompson B. Impact of Consumersa € Understanding of Date Labelling on Food Waste Behaviour. Oper Res，2020，20 (2)：543-560.

[6] Date marking and food waste Food Safety. https：//ec. europa. eu/food/safety/food_waste/eu_actions/date_marking_en (accessed 2020-12-31) .

[7] Poyatos-Racionero E，Ros-Lis J V，Vivancos J L，et al. Recent Advances on Intelligent Packaging as Tools to Reduce Food Waste. J. Cleaner Prod. 2018，172，3398-3409.

[8] Mariusz，T. The Potential of Intelligent Packaging in the Reduction of Food Waste. Commodity Science and Research-Management and Quality Science in the Face of Sustainable Development Challenges；Siec Badawcza ŁUKASIEWICZ-Instytut Technologii Eksploatacji. Radom，Poland，2019，121-130.

[9] Active and Intelligent Packaging Market-Growth，Trends and Forecast (2020-2025) . https：//www. researchandmarkets. com/reports/4745433/active-and-intelligent-packaging-market-growth.

[10] Alizadeh A M，Masoomian M，Shakooie M，et al. Trends and Applications of Intelligent Packaging in Dairy Products：A Review. Crit Rev Food Sci Nutr，2020，DOI：10. 1080/10408398. 2020. 1817847.

[11] Vanderroost M，Ragaert P，Devlieghere F，et al. Intelligent Food Packaging：The next Generation. Trends Food Sci Technol，2014，39 (1)：47-62.

[12] Balbinot-Alfaro E，Craveiro D V，Lima K O，et al. Intelligent Packaging with pH Indicator Potential. Food Eng Rev，2019，11 (4)：235-244.

[13] Roy S，Rhim J W. Anthocyanin Food Colorant and Its Application in pH-Responsive Color Change Indicator Films. Crit Rev Food Sci Nutr，2020，1.

［14］ Alizadeh-Sani M，Mohammadian E，Rhim J W，et al. pH-Sensitive（Halochromic）Smart Packaging Films Based on Natural Food Colorants for the Monitoring of Food Quality and Safety. Trends Food Sci Technol，2020，105：93-144.

［15］ Mandal V，Mohan Y，Hemalatha S. Microwave Assisted Extraction of Curcumin by Sample-Solvent Dual Heating Mechanism Using Taguchi L9 Orthogonal Design. J Pharm Biomed Anal，2008，46（2）：322-327.

［16］ Angelini L G，Pistelli L，Belloni P，et al. Rubia Tinctorum a Source of Natural Dyes：Agronomic Evaluation，Quantitative Analysis of Alizarin and Industrial Assays. Ind Crops Prod，1997，6（3-4）：303-311.

［17］ Ozgen U，Miloglu F D，Bulut G. Quantitative Determination of Shikonin Derivatives with UV-Vis Spectrophotometric Methods in the Roots of Onosma Nigricaule. Rev Anal Chem，2011，30（2）：59-63.

［18］ Azeredo H M C. Betalains：Properties，Sources，Applications，and Stability-A Review. Int J Food Sci Technol，2009，44（12）：2365-2376.

［19］ Strack D，Vogt T，Schliemann W. Recent Advances in Betalain Research. Phytochemistry，2003，62：247-269.

［20］ Nemes S A，Szabo K，Vodnar D C. Applicability of AgroIndustrial by-Products in Intelligent Food Packaging. Coatings，2020，10（6）：550.

［21］ Mohebi E，Marquez L. Intelligent Packaging in Meat Industry：An Overview of Existing Solutions. J Food Sci Technol，2015，52（7）：3947-3964.

［22］ Abolghasemi，M. M.；Sobhi，M.；Piryaei，M. Preparation of a Novel Green Optical pH Sensor Based on Immobilization of Red Grape Extract on Bioorganic Agarose Membrane. Sens. Actuators，B 2016，224，391-395.

［23］ Hasan A，Nurunnabi M，Morshed M，et al. Recent Advances in Application of Biosensors in Tissue Engineering. Biomed Res Int，2014，2014：307519.

［24］ Rotariu L，Lagarde F，Jaffrezic-Renault N，et al. Electrochemical Biosensors for Fast Detection of Food Contaminants-Trends and Perspective. TrAC，Trends Anal Chem，2016，79：80-87.

［25］ Alizadeh-Sani M，Tavassoli M，Mohammadian E，et al. pH-Responsive Color Indicator Films Based on Methylcellulose/Chitosan Nanofiber and Barberry Anthocyanins for Real-Time Monitoring of Meat Freshness. Int J Biol Macromol，2021，166：741.

［26］ Ezati P，Bang Y-J，Rhim J-W. Preparation of a ShikoninBased pH-Sensitive Color Indicator for

Monitoring the Freshness of Fish and Pork. Food Chem, 2021, 337: 127995.

[27] Ezati P, Tajik H, Moradi M, et al. Intelligent pH Sensitive Indicator Based on Starch-Cellulose and Alizarin Dye to Track Freshness of Rainbow Trout Fillet. Int J Biol Macromol, 2019, 132: 157-165.

[28] Ezati P, Tajik H, Moradi M. Fabrication and Characterization of Alizarin Colorimetric Indicator Based on CelluloseChitosan to Monitor the Freshness of Minced Beef. Sens Actuators B, 2019, 285: 519-528.

[29] Ahmed I, Lin H, Zou L, et al. An Overview of Smart Packaging Technologies for Monitoring Safety and Quality of Meat and Meat Products. Packag Technol Sci, 2018, 31 (7): 449-471.

[30] Xiao-wei H, Xiao-bo Z, Ji-yong S, et al. Colorimetric Sensor Arrays Based on Chemo-Responsive Dyes for Food Odor Visualization. Trends Food Sci Technol. 2018, 81: 90-107.

[31] Ezati, P, Rhim J W. pH-Responsive Pectin-Based Multifunctional Films Incorporated with Curcumin and Sulfur Nanoparticles. Carbohydr Polym, 2020, 230: 115638.

[32] Ezati P, Bang Y J, Rhim J W. Preparation of a ShikoninBased pH-Sensitive Color Indicator for Monitoring the Freshness of Fish and Pork. Food Chem, 2021, 337: 127995.

[33] Pourjavaher S, Almasi H, Meshkini S, et al. Development of a Colorimetric pH Indicator Based on Bacterial Cellulose Nanofibers and Red Cabbage (Brassica Oleraceae) Extract. Carbohydr Polym, 2017, 156: 193-201.

[34] Dirpan A, Latief R, Syarifuddin A, et al. The Use of Colour Indicator as a Smart Packaging System for Evaluating Mangoes Arummanis (Mangifera Indica L. Var. Arummanisa) Freshness. IOP Conf Ser Earth Environ Sci, 2018, 157: 12031.

[35] Musso Y S, Salgado P R, Mauri A N. Gelatin Based Films Capable of Modifying Its Color against Environmental pH Changes. Food Hydrocolloids, 2016, 61: 523-530.

[36] Zhang H, Hou A, Xie K, et al. Smart Color-Changing Paper Packaging Sensors with pH Sensitive Chromophores Based on Azo-Anthraquinone Reactive Dyes. Sens Actuators B, 2019, 286: 362-369.

[37] Kuswandi B, Nurfawaidi A. On-Package Dual Sensors Label Based on pH Indicators for Real-Time Monitoring of Beef Freshness. Food Control, 2017, 82: 91-100.

[38] Rodriguez-Amaya D B. Update on Natural Food Pigments-A Mini-Review on Carotenoids, Anthocyanins, and Betalains. Food Res Int, 2019, 124: 200-205.

[39] Feketea G, Tsabouri S. Common Food Colorants and Allergic Reactions in Children: Myth or Reality. Food Chem, 2017, 230: 578-588.

[40] Wallace T C, Giusti M M. Anthocyanins Nature' s Bold, Beautiful, and Health-Promoting Colors. Foods, 2019, 8 (11): 550.

[41] Moradi M, Tajik H, Almasi H, et al. A Novel pH-Sensing Indicator Based on Bacterial Cellulose Nanofibers and Black Carrot Anthocyanins for Monitoring Fish Freshness. Carbohydr Polym, 2019, 222: 115030.

[42] Yong H, Wang X, Zhang X, et al. Effects of Anthocyanin-Rich Purple and Black Eggplant Extracts on the Physical, Antioxidant and pH-Sensitive Properties of Chitosan Film. Food Hydrocolloids, 2019, 94: 93-104.

[43] Tarone A G, Cazarin C B B, Marostica Junior M R. Anthocyanins: New Techniques and Challenges in Microencapsulation. Food Res Int, 2020, 133: 109092.

[44] Araiza-Calahorra A, Akhtar M, Sarkar A. Recent Advances in Emulsion-Based Delivery Approaches for Curcumin: From Encapsulation to Bioaccessibility. Trends Food Sci Technol, 2018, 71: 155-169.

[45] Sahne F, Mohammadi M, Najafpour G D, et al. Enzyme-Assisted Ionic Liquid Extraction of Bioactive Compound from Turmeric (*Curcuma Longa* L.): Isolation, Purification and Analysis of Curcumin. Ind Crops Prod, 2017, 95: 686-694.

[46] Noureddin S A, El-Shishtawy R M, Al-Footy K O. Curcumin Analogues and Their Hybrid Molecules as Multifunctional Drugs. Eur J Med Chem, 2019, 182: 111631

[47] Typek R, Dawidowicz A L, Wianowska D, et al. Formation of Aqueous and Alcoholic Adducts of Curcumin during Its Extraction. Food Chem, 2019, 276: 101-109.

[48] Pronti L, Mazzitelli J-B, Bracciale M P, et al. Multi-Technique Characterisation of Commercial Alizarin-Based Lakes. Spectrochim Acta Part A, 2018, 200: 10-19.

[49] Roik N V, Belyakova L A, Dziazko M O. Optically Transparent Silica Film with pH-Sensing Properties: Influence of Chemical Immobilization and Presence of β-Cyclodextrin on Protolytic Properties of Alizarin Yellow. Sens Actuators B, 2018, 273: 1103-1112.

[50] Ezati P, Rhim J-W. pH-Responsive Chitosan-Based Film Incorporated with Alizarin for Intelligent Packaging Applications. Food Hydrocolloids, 2020, 102: 105629.

[51] Han J, Weng X, Bi K. Antioxidants from a Chinese Medicinal Herb-Lithospermum Erythrorhizon. Food Chem, 2008, 106 (1): 2-10.

[52] Dong H, Ling Z, Zhang X, et al. Smart Colorimetric Sensing Films with High Mechanical Strength and Hydrophobic Properties for Visual Monitoring of Shrimp and Pork Freshness. Sens Actuators B, 2020, 309: 127752.

[53] Huang S，Xiong Y，Zou Y，et al. A Novel Colorimetric Indicator Based on Agar Incorporated with Arnebia Euchroma Root Extracts for Monitoring Fish Freshness. Food Hydrocolloids，2019，90：198-205.

[54] Polturak G，Aharoni A. Advances and Future Directions in Betalain Metabolic Engineering. New Phytol，2019，224（4）：1472-1478.

[55] Villano D，García-Viguera C，Mena P. Colors：Health Effects. In Encyclopedia of Food and Health. Academic Press，2016，265-272.

[56] Ardiyansyah，Apriliyanti M W，Wahyono A，et al. The Potency of Betacyanins Extract from a Peel of Dragon Fruits as a Source of Colourimetric Indicator to Develop Intelligent Packaging for Fish Freshness Monitoring. IOP Conf Ser Earth Environ Sci，2018，207：12038.

[57] Qin Y，Liu Y，Zhang X，et al. Development of Active and Intelligent Packaging by Incorporating Betalains from Red Pitaya（Hylocereus Polyrhizus）Peel into Starch/Polyvinyl Alcohol Films. Food Hydrocolloids，2020，100：105410.

[58] Herbach K M，Stintzing F C，Carle R. Stability and Color Changes of Thermally Treated Betanin，Phyllocactin，and Hylocerenin Solutions. J Agric Food Chem，2006，54（2）：390-398.

[59] Wyrwa J，Barska A. Packaging as a Source of Information About Food Products. Procedia Eng，2017，182：770-779.

[60] Wu D，Zhang M，Chen H，et al. Freshness Monitoring Technology of Fish Products in Intelligent Packaging. Critical Reviews in Food Science and Nutrition；Taylor and Francis Inc，2020. DOI：10. 1080/10408398. 2020. 1757615.

[61] Malhotra B，Keshwani A，Kharkwal H. Natural Polymer Based Cling Films for Food Packaging. Int J Pharm Pharm Sci，2015，7：10-18.

[62] Roy S，Rhim J-W. Preparation of Carbohydrate-Based Functional Composite Films Incorporated with Curcumin. Food Hydrocolloids，2020，98：105302.

[63] Roy S，Shankar S，Rhim J-W. Melanin-Mediated Synthesis of Silver Nanoparticle and Its Use for the Preparation of Carrageenan Based Antibacterial Films. Food Hydrocolloids，2019，88：237-246.

[64] Alizadeh-Sani M，Khezerlou A，Ehsani A. Fabrication and Characterization of the Bionanocomposite Film Based on Whey Protein Biopolymer Loaded with TiO_2 Nanoparticles，Cellulose Nanofibers and Rosemary Essential Oil. Ind Crops Prod，2018，124：300-315.

[65] Priyadarshi R，Negi Y S. Effect of Varying Filler Concentration on Zinc Oxide Nanoparticle

Embedded Chitosan Films as Potential Food Packaging Material. J Polym Environ，2017，25（4）：1087-1098.

［66］ Priyadarshi R，Rhim J-W. Chitosan-Based Biodegradable Functional Films for Food Packaging Applications. Innovative Food Sci Emerging Technol，2020，62：102346.

［67］ Kuma A. Negi Y S，Choudhary V，et al. Characterization of Cellulose Nanocrystals Produced by Acid Hydrolysis from Sugarcane Bagasse as Agro-Waste. J Mater Phys Chem，2020，2（1）：1-8.

［68］ Priyadarshi R，Kim S-M，Rhim J-W. Pectin/Pullulan Blend Films for Food Packaging：Effect of Blending Ratio. Food Chem，2021，347：129022.

［69］ De Oliveira Farias E A，Dos Santos M C，De Araujo DionAsio N，et al. Layer-by-Layer Films Based on Biopolymers Extracted from Red Seaweeds and Polyaniline for Applications in Electrochemical Sensors of Chromium Ⅵ. Mater Sci Eng B Solid-State Mater Adv Technol，2015，200：9-21.

［70］ Youssouf L，Lallemand L，Giraud P，et al. Ultrasound-Assisted Extraction and Structural Characterization by NMR of Alginates and Carrageenans from Seaweeds. Carbohydr Polym，2017，166：55-63.

［71］ Priyadarshi R，Kim H-J，Rhim J-W. Effect of Sulfur Nanoparticles on Properties of Alginate-Based Films for Active Food Packaging Applications. Food Hydrocolloids，2021，110：106155.

［72］ Roy S，Rhim J-W. Agar-Based Antioxidant Composite Films Incorporated with Melanin Nanoparticles. Food Hydrocolloids，2019，94：391-398.

［73］ Hogan S A，Kerry J P. Smart Packaging of Meat and Poultry Products. Smart Packaging Technologies for Fast Moving Consumer Goods；John Wiley & Sons，Ltd，2008，33-59. DOI：10. 1002/9780470753699. ch3.

［74］ Fitriana R，Imawan C，Listyarini A，et al. A Green Label for Acetic Acid Detection Based on Chitosan and Purple Sweet Potatoes Extract. 2017 International Seminar on Sensors，Instrumentation，Measurement and Metrology（ISSIMM）；2017，129-132. DOI：10. 1109/ISSIMM. 2017. 8124276.

［75］ Vo T-V，Dang T-H，Chen B-H. Synthesis of Intelligent pH Indicative Films from Chitosan/Poly（Vinyl Alcohol）/Anthocyanin Extracted from Red Cabbage. Polymers（Basel，Switz.）2019，11（7）：1088.

［76］ Othman M，Yusup A A，Zakaria N，et al. Bio-Polymer Chitosan and Corn Starch with Extract of Hibiscus Rosa-Sinensis (Hibiscus) as pH Indicator for Visually-Smart Food Packaging. AIP Conf Proc, 2018, 1985 (1): 50004.

[77] Zhang J, Zou X, Zhai X, et al. Preparation of an Intelligent pH Film Based on Biodegradable Polymers and Roselle Anthocyanins for Monitoring Pork Freshness. Food Chem, 2019, 272: 306-312.

[78] Wardana A A, Widyaningsih T D. Development of Edible Films from Tapioca Starch and Agar, Enriched with Red Cabbage (Brassica Oleracea) as a Sausage Deterioration Bio-Indicator. IOP Conf Ser Earth Environ Sc, 2017, 109: 12031.

[79] Choi I, Lee J Y, Lacroix M, et al. Intelligent pH Indicator Film Composed of Agar/Potato Starch and Anthocyanin Extracts from Purple Sweet Potato. Food Chem, 2017, 218: 122-128.

[80] Sun G, Chi W, Zhang C, et al. Developing a Green Film with pH-Sensitivity and Antioxidant Activity Based on κ-Carrageenan and Hydroxypropyl Methylcellulose Incorporating Prunus Maackii Juice. Food Hydrocolloids, 2019, 94: 345-353.

[81] Luchese C L, Abdalla V F, Spada J C, et al. Evaluation of Blueberry Residue Incorporated Cassava Starch Film as pH Indicator in Different Simulants and Foodstuffs. Food Hydrocolloids, 2018, 82: 209-218.

[82] Golasz L B, Silva J da, Silva S B da. Film with Anthocyanins as an Indicator of Chilled Pork Deterioration. Food Sci Technol, 2013, 33: 155-162.

[83] Chayavanich K, Thiraphibundet P, Imyim A. Biocompatible Film Sensors Containing Red Radish Extract for Meat Spoilage Observation. Spectrochim. Acta, Part A, 2020, 226: 117601.

[84] Zhang X, Lu S, Chen X. A Visual pH Sensing Film Using Natural Dyes from Bauhinia Blakeana Dunn. Sens. Actuators, B 2014, 198: 268-273.

[85] Qin Y, Liu Y, Yong H, et al. Preparation and Characterization of Active and Intelligent Packaging Films Based on Cassava Starch and Anthocyanins from Lycium Ruthenicum Murr. Int J Biol Macromol, 2019, 134: 80-90.

[86] da Silva C K, da Silveira Mastrantonio D J, Costa J A V, et al. Innovative pH Sensors Developed from Ultrafine Fibers Containing Acai (Euterpe Oleracea) Extract. Food Chem, 2019, 294: 397-404.

[87] Dudnyk I, Janecek E-R, Vaucher-Joset J, et al. Edible Sensors for Meat and Seafood Freshness. Sensors Actuators B Chem, 2018, 259: 1108-1112.

[88] Liu J, Wang H, Wang P, et al. Films Based on k-Carrageenan Incorporated with Curcumin for Freshness Monitoring. Food Hydrocolloids, 2018, 83: 134-142.

[89] Wu C, Sun J, Chen M, et al. Effect of Oxidized Chitin Nanocrystals and Curcumin into Chitosan Films for Seafood Freshness Monitoring. Food Hydrocolloids, 2019, 95: 308-317.

[90] Wu C, Sun J, Zheng P, et al. Preparation of an Intelligent Film Based on Chitosan/Oxidized Chitin Nanocrystals Incorporating Black Rice Bran Anthocyanins for Seafood Spoilage Monitoring. Carbohydr. Polym, 2019, 222: 115006.

[91] Silva-Pereira M C, Teixeira J A, Pereira-Junior V A, et al. Chitosan/Corn Starch Blend Films with Extract from Brassica Oleraceae (Red Cabbage) as a Visual Indicator of Fish Deterioration. LWT-Food Sci Technol, 2015, 61 (1): 258-262.

[92] Ma Q, Liang T, Cao L, et al. Intelligent Poly (Vinyl Alcohol) -Chitosan Nanoparticles-Mulberry Extracts Films Capable of Monitoring pH Variations. Int J Biol Macromol, 2018, 108: 576-584.

[93] Jamróz E, Kulawik P, Guzik P, et al. The Verification of Intelligent Properties of Furcellaran Films with Plant Extracts on the Stored Fresh Atlantic Mackerel during Storage at 2℃. Food Hydrocolloids, 2019, 97: 105211.

[94] Ma Q, Ren Y, Gu Z, et al. Developing an Intelligent Film Containing Vitis Amurensis Husk Extracts: The Effects of pH Value of the Film-Forming Solution. J Cleaner Prod, 2017, 166: 851-859.

[95] Zhai X, Shi J, Zou X, et al. Novel Colorimetric Films Based on Starch/Polyvinyl Alcohol Incorporated with Roselle Anthocyanins for Fish Freshness Monitoring. Food Hydrocolloids, 2017, 69: 308-317.

[96] Aghaei Z, Emadzadeh B, Ghorani B, et al. Cellulose Acetate Nanofibres Containing Alizarin as a Halochromic Sensor for the Qualitative Assessment of Rainbow Trout Fish Spoilage. Food Bioprocess Technol, 2018, 11 (5): 1087-1095.

[97] Liu J, Wang H, Guo M, et al. Extract from Lycium Ruthenicum Murr. Incorporating k- Carrageenan Colorimetric Film with a Wide pH-Sensing Range for Food Freshness Monitoring. Food Hydrocolloids, 2019, 94: 1-10.

[98] Zhai X, Li Z, Zhang J, et al. Natural Biomaterial-Based Edible and pH-Sensitive Films Combined with Electrochemical Writing for Intelligent Food Packaging. J Agric Food Chem, 2018, 66 (48): 12836-12846.

[99] Pereira V A, Arruda I N Q de, Stefani R. Active Chitosan/PVA Films with Anthocyanins

from Brassica Oleraceae (Red Cabbage) as Time-Temperature Indicators for Application in Intelligent Food Packaging. Food Hydrocolloids, 2015, 43: 180-188.

[100] Tirtashi F E, Moradi M, Tajik H, et al. Cellulose/Chitosan pH-Responsive Indicator Incorporated with Carrot Anthocyanins for Intelligent Food Packaging. Int J Biol Macromol, 2019, 136: 920-926.

[101] Ma Q, Wang L. Preparation of a Visual pH-Sensing Film Based on Tara Gum Incorporating Cellulose and Extracts from Grape Skins. Sens Actuators, B, 2016, 235: 401-407.

[102] Liu B, Xu H, Zhao H, et al. Preparation and Characterization of Intelligent Starch/PVA Films for Simultaneous Colorimetric Indication and Antimicrobial Activity for Food Packaging Applications. Carbohydr Polym, 2017, 157: 842-849.

[103] Goodarzi M M, Moradi M, Tajik H, et al. Development of an Easy-to-Use Colorimetric pH Label with Starch and Carrot Anthocyanins for Milk Shelf Life Assessment. Int J Biol Macromol, 2020, 153: 240-247.

[104] Bandyopadhyay S, Saha N, Zandraa O, et al. Essential Oil Based PVP-CMC-BC-GG Functional Hydrogel Sachet for a Cheesea: Its Shelf Life Confirmed with Anthocyanin (Isolated from Red Cabbage) Bio Stickers. Foods, 2020, 9 (3): 307.

[105] Comi, G. Spoilage of Meat and Fish. In The Microbiological Quality of Food; Bevilacqua, A, Corbo, M R, Sinigaglia M, Eds, Woodhead Publishing Series in Food Science, Technology and Nutrition; Woodhead Publishing, 2017, 179-210. DOI: 10.1016/B978-0-08-100502-6.00011-X.

[106] Yong H, Liu J, Qin Y, et al. Antioxidant and pH-Sensitive Films Developed by Incorporating Purple and Black Rice Extracts into Chitosan Matrix. Int. J Biol Macromol, 2019, 137: 307-316.

[107] Boziaris I S, Parlapani F F. Chapter 3-Specific Spoilage Organisms (SSOs) in Fish. In The Microbiological Quality of Food; Bevilacqua A, Corbo M R, Sinigaglia M, Eds, Woodhead Publishing Series in Food Science, Technology and Nutrition; Woodhead Publishing, 2017, 61-98. DOI: 10.1016/B978-0-08-100502-6.00006-6.

[108] Ma Q, Du L, Wang L. Tara Gum/Polyvinyl Alcohol-Based Colorimetric NH_3 Indicator Films Incorporating Curcumin for Intelligent Packaging. Sens Actuators, B, 2017, 244: 759-766.

[109] Yoshida C M P, Maciel V B V, Mendonca M E D, et al. Chitosan Biobased and Intelligent Films: Monitoring pH Variations. LWT-Food Sci Technol, 2014, 55 (1): 83-89.

[110] Halasz K, Csóka L. Black Chokeberry (Aronia Melanocarpa) Pomace Extract Immobilized in

Chitosan for Colorimetric pH Indicator Film Application. Food Packag Shelf Life，2018，16：185-193.

[111] Yong H，Wang X，Bai R，et al. Development of Antioxidant and Intelligent pH-Sensing Packaging Films by Incorporating Purple-Fleshed Sweet Potato Extract into Chitosan Matrix. Food Hydrocolloids，2019，90：216-224.

[112] Wang X，Yong H，Gao L，et al. Preparation and Characterization of Antioxidant and pH-Sensitive Films Based on Chitosan and Black Soybean Seed Coat Extract. Food Hydrocolloids，2019，89：56-66.

[113] Li Y，Ying Y，Zhou Y，et al. A pH-Indicating Intelligent Packaging Composed of Chitosan-Purple Potato Extractions Strength by Surface-Deacetylated Chitin Nanofibers. Int J Biol Macromol，2019，127：376-384.

[114] Zhang X，Liu Y，Yong H，et al. Development of Multifunctional Food Packaging Films Based on Chitosan，TiO_2 Nanoparticles and Anthocyanin-Rich Black Plum Peel Extract. Food Hydrocolloids，2019，94：80-92.

[115] Liang T，Sun G，Cao L，et al. Rheological Behavior of Film-Forming Solutions and Film Properties from Artemisia Sphaerocephala Krasch. Gum and Purple Onion Peel Extract. Food Hydrocolloids，2018，82：124-134.

[116] Wei Y-C，Cheng C-H，Ho Y-C，et al. Active Gellan Gum/Purple Sweet Potato Composite Films Capable of Monitoring pH Variations. Food Hydrocolloids，2017，69：491-502.

[117] Wu C，Li Y，Sun J，et al. Novel Konjac Glucomannan Films with Oxidized Chitin Nanocrystals Immobilized Red Cabbage Anthocyanins for Intelligent Food Packaging. Food Hydrocolloids，2020，98：105245.

[118] Liang T，Sun G，Cao L，et al. A pH and NH_3 Sensing Intelligent Film Based on Artemisia Sphaerocephala Krasch. Gum and Red Cabbage Anthocyanins Anchored by Carboxymethyl Cellulose Sodium Added as a Host Complex. Food Hydrocolloids，2019，87：858-868.

[119] Uranga J，Etxabide A，Guerrero P，et al. Development of Active Fish Gelatin Films with Anthocyanins by Compression Molding. Food Hydrocolloids，2018，84：313-320.

第五章

生物聚合物薄膜应用于智能食品包装

近年来，随着人民生活水平的日益提高，广大消费者越来越关注食品品质与安全问题。贮运过程中，食品品质与包装形式密切相关。包装的主要功能是将食品与周围环境隔离，减少与腐败因子（如微生物、水蒸气、氧气等）接触，避免风味因子（如风味挥发物等）的损失，从而延长食品的保质期[1]。活性包装因能够通过对生物活性物质的控释来保证食品的品质而受到人们的关注。由于食品变质通常是由微生物生长引起的，抗菌活性包装是一种便捷高效的活性包装体系，一般由基膜和抗菌剂构成（图 5-1）。

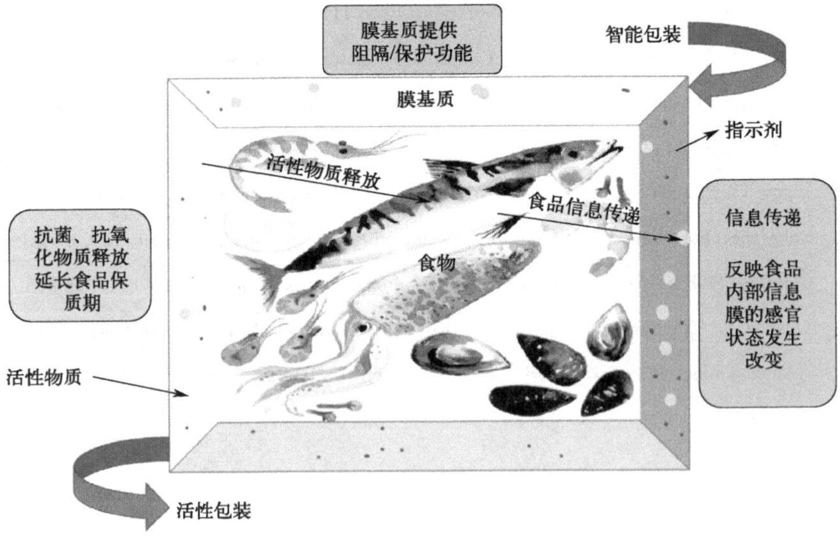

图 5-1　活性包装和智能包装工作示意

石油基包装材料通常是不可生物降解的，导致了严重的环境和健康问题。因此，开发新型高效、可生物降解且无毒的食品包装薄膜材料已成为研究人员关注的焦点。随着大量研究和先进技术的发展，包装材料中的合成添加剂逐渐被天然物质如精油（EOs）所取代。EOs具有良好的抗氧化和抗菌性能，是一种经济有效的合成添加剂替代品。本章节介绍了各种EOs可能的抗氧化和抗菌机制，并分析了以不同生物聚合物为基材并掺入EOs的食品包装膜的性能。同时，论述了智能包装材料在食品包装领域的发展前景。

基膜材料目前主要有两大类：塑料和可生物降解材料。塑料因其价格便宜、性能稳定、质地轻便等优点而被广大生产商和消费者接受。但日益增长的塑料需求导致了石油等自然资源的日渐枯竭，并且废弃塑料因降解困难会对环境（水体和土壤）造成污染[2-5]。由此，研究人员将目光转向可生物降解材料，如多糖（壳聚糖[6]、淀粉[7]、琼脂[8]、纤维素[9]、糠醛[10]、卡拉胶[11]等）、蛋白质（明胶[12]、海藻酸钠[13]、胶原蛋白[14]、面筋[15]、乳清蛋白[16]、花生蛋白[17]等）或脂质（脂肪酸[18,19]、脂肪酸酯[20]、蜡[21]、树脂[22]、卵磷脂[23]等）。这类材料具有可再生、可生物降解、生物相容性良好以及价格低廉等优点，有望逐渐替代塑料而成为主要包装体系的膜材。

抗菌剂是抗菌活性包装的关键。芳香植物的次生代谢产物植物精油（EOs）具有广泛的生物活性（如抗病毒、抗细菌等），有益于食品和人类健康[24]，常被用作食品防腐剂。由于不同EOs对不同细菌的抗菌性能有所差异，通过EOs的组合，常常会产生协同抗菌作用，提高抗菌效果。与有机抗菌剂相比，无机抗菌剂具有广谱抗菌活性和良好的稳定性。特别是无机纳米抗菌剂的纳米效应还能提高薄膜基质的力学、热学及阻隔性能。利用纳米材料和EOs的协同作用，可以实现优势互补。为了满足抗菌活性包装对抗菌剂的差异化要求，不同抗菌剂的巧妙组合（如不同的EOs、EOs与无机纳米抗菌剂等）已成为目前业内研究热点。

第一节　不同基质膜概述

一、多糖类生物质基膜概述

多糖类生物聚合物由于其可再生、来源广泛、低成本和易降解等特点，可作为制备生物降解膜的原料。多糖类生物聚合物形成的薄膜和涂层具有良好的阻隔性能，能够防止包装层内外的气体交换。另外，多糖基薄膜和涂层的原料来源广泛，所制得的包装材料的机械强度也各不相同。多糖基薄膜在食品中的应用为开发新型食品包装系统提供了新的思路（图 5-2）。

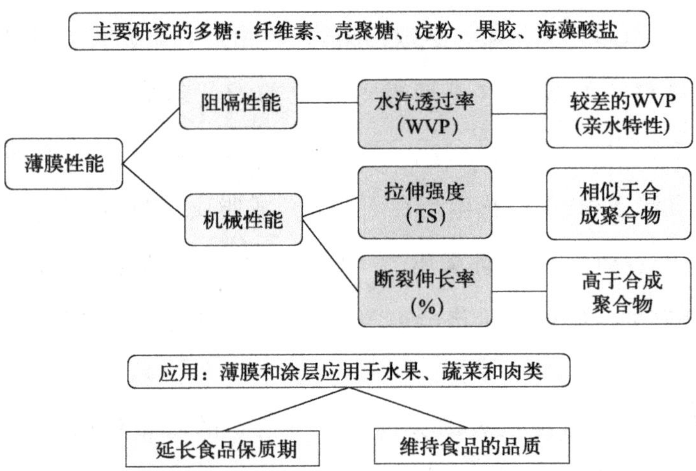

图 5-2　多糖基薄膜和涂层[25]

纤维素是自然界最丰富的可再生聚合物之一，不仅可以从木材、棉花等植物材料中分离出来，也可以由被囊动物和微生物合成生产，使得纤维素成为最常用的天然填料。Dhall 等[26] 以水溶性增强的纤维素衍生物为原料，制备出透明、柔韧、具有中等强度和抗脂质性能的薄膜。Sun 等[27,28] 以羟丙基甲基纤维素为原料制备了具有 pH 响应和抗氧化的活性薄膜，发现植物萃取物的加入提高了薄膜的拉伸强度、致密性、阻隔性能以及抗氧化性。Rozenberga 等[29] 研究了不同醋酸菌生产的细菌纤维素对复合膜的影响，发现细菌纤维素比木质纤维素制备的薄膜性能（如机械强度、柔韧性、结晶度和亲水性）更加优异。

壳聚糖是由自然界中第二丰富的多糖——甲壳素碱性脱乙酰得到的。它是一种线性多糖，具有无毒、可生物降解特性，同时还能够对多种真菌、酵母和细菌产生抗菌活性。因此，其作为一种潜在的食品防腐剂引起了人们的关注。Zimet 等[30] 将羧甲基壳聚糖加入以壳聚糖膜为基质的复合膜中，制备了柔韧性更强、对水更敏感且抑菌性能更好的活性薄膜。Lambertus 等[31] 利用壳聚糖与热塑性聚合物共混法改善了材料的热性能。Liu 等[32] 以高、中、低 3 种不同分子量的壳聚糖为原料，通过控制壳聚糖和甘油的含量制备成一系列薄膜，发现高分子量、高壳聚糖含量的薄膜具有优异的透明度、机械性能、阻隔性能和抗菌性能。Agarwal 等[33] 使用从落叶松中提取的抗氧化剂改性的壳聚糖薄膜，证明落叶松提取物与壳聚糖之间相容性佳，制备了抗氧化活性更强、溶解度更高的活性薄膜。

果胶是植物细胞的主要成分之一，具有酸溶性和水溶性，主要作为果酱、果汁以及奶制品等食品中的凝胶剂和稳定剂而存在，研究人员常利用其凝胶特性制备具有良好气体透过性的生物基薄膜。Wang 等[34] 以 4-二甲氨基吡啶为催化剂制备出高疏水性和机械强度的果胶薄膜。Zannini 等[35] 优化了柑橘皮渣提取条件回收高分子量果胶，并利用果渣中获得的纤维素和生物活性分子来共同制备复合果胶膜，其中木质纤维素的存在能够改善薄膜的抗断裂性和耐腐蚀性，生物活性分子能够改善薄膜的柔韧性，既有效利用了农业废物，又能将生产的果胶膜用于活性食品包装。Shafie 等[36] 探讨了双歧阿维菌素果胶（ABP）制备可食性薄膜的潜力，发现半乳糖醛酸含量、果胶的分子量、酯化度及结构对薄膜的性能有显著影响，同时验证了高支链果胶链的相互作用比直链果胶链好，降低了增塑剂的作用，使得果胶膜的机械强度更高、阻隔性能更好。Rincón 等[37] 采用不同时间-温度组合的连续亚临界水萃取法提取富含高分子量果胶的多糖，将其作为添加剂改善可食性包装材料的机械性能、光学性能、抗氧化能力及水气透过性。

海藻酸盐是从褐藻（褐藻科）中提取出的由 1,4-β-d-甘露糖醛酸和 α-1-古龙糖醛酸组成的线性共聚物。海藻酸盐能够与二价阳离子反应形成薄膜，并在膜内形成稳定有序的三维网络[38]。交联的多价阳离子常被用于改善水阻隔性能、机械阻力、内聚力和刚度，并延迟某些药物的释放。Wang 等[39] 将溶菌酶加入海藻酸钙中制备抗菌膜，通过增加溶菌酶的负载量来提高固定化效率，达到增加薄膜抑菌能力的目的，并为酶的固定化和抗菌膜的制备提供了新的可能性。Ghosal 等[40] 通过凝胶过程使薄膜中的双氯芬酸钠和其他亲水性聚合物产生了不同程度的交联，改善了薄膜的阻水性能和机械性能，获得的具有多孔结构的薄膜能够有效延长药物释放时间，有着重要的临床应用价值。Gholizadeh 等[41] 研究了不同浓度的羟基磷灰石纳米颗粒（HA-NPs）对海藻酸钠抗菌膜的抗菌活性、力学性能的影响，发现不同浓度的 HA-NPs 均会在不影响抗菌膜厚度的情况下提升海藻酸钠抗菌膜的机械强度、阻水性能和抗菌活性。

淀粉是一种农业生物聚合物，存在于小麦、玉米、水稻、豆类和马铃薯等多种植物体内，该成分（淀粉）含量占谷物粒重的 60%以上，且相对容易与其他成分分离。淀粉颗粒主要由直链淀粉和支链淀粉组成，其中直链淀粉和支链淀粉在结构和分子量上的差异会导致淀粉分子性质和成膜性质出现差异。淀粉膜由于其高度有序的氢键网络结构而具有优异的氧气阻隔能力。Nordin 等[42] 探究了含有甘油、百里酚以及甘油-百里酚组合的玉米淀粉膜，证明了甘油和百里酚的存在改善了膜的热稳定性等，提高了玉米淀粉膜的整体性能。Arezoo 等[43] 以西米淀粉为基质，加入不同浓度的纳米 TiO_2 和肉桂精油，探究了纳米 TiO_2 和肉桂精油对薄膜各项性能的影响，还验证了纳米 TiO_2 和肉桂精油之间存在协同效应。Luchese 等[44] 将不同含量的蓝莓提取物加入木薯淀粉成膜液中，研究了复合膜的光、热等功能特性，发现蓝莓提取物复合膜具有良好的光阻隔性能，显著提高了木薯淀粉膜的性能。

利用多糖基质开发薄膜，在推动可持续食品包装方面扮演着关键角色，为开发新型食品生物可降解包装提供了新的机遇，也为替代合成材料提供了可能性。通过将多糖与其他生物聚合物（蛋白质、脂质和添加剂）结合，可以改善多糖基薄膜的机械性能和阻隔性能，使它们能够与食品工业中常用的包装用合成塑料相媲美。多糖基薄膜通常具有良好的气体阻隔性能，对水果或蔬菜的切割表面也具有良好的黏附性，拥有优异的气体透过性能，能够产生理想的改性气体，且不会产生厌氧环境。由多糖或多糖与其他生物聚合物所制备的可食性薄膜已被应用于延长食品保质期和保持食品质量。在当前的食品包装领域，基于多糖基质的薄膜因其优异的成膜性和功能性被广泛开发，其在延长食品保质期方面的应用也显著增加。

二、淀粉基活性包装膜的应用研究现状

寻求新型、经济、高效、环保的包装材料，以保证和监控食品质量，一直是食品包装研究人员的工作重点[45]。淀粉是一种来源丰富的天然生物高分子材料，具有可生物降解、价格低廉和生物相容性好等优点，广泛用于生物降解膜的制造。然而，淀粉基生物降解膜具有湿敏特性，在高相对湿度条件下力学性能和阻隔性能变差，这在一定程度上限制了淀粉基生物降解膜在食品包装行业中的规模化应用。由此，研究人员通过对淀粉进行改性，以增强淀粉基生物降解膜的热稳定性、力学性能及阻隔性能。这种改性可通过使用增塑剂或将淀粉与天然聚合物进行共混来实现。在此基础上，通过负载功能物质（如抗菌剂、抗氧化剂、pH 颜色指示剂等）对薄膜进行功能化。

活性包装是一种新型的食品包装体系，这种包装形式不仅能够提供传统保护和外部环境惰性屏障，还能够通过对生物活性物质的控释保证食品的品质并延长其货架期。活性包装通过将各种活性成分（抗菌剂、抗氧化剂、O_2 清除剂、CO_2 排放/吸收剂、水分调节剂或风味释放剂/吸收剂）纳入包装体系，以满足各种食品对包装形式特定性能的需求[46,47]，而传统包装无法满足这些特定性能需求。抗菌活性包装是一种便捷高效的活性包装体系，主要通过延缓或阻止食品产生微生物、酶或氧化腐败，以保障被包装食品在储运期间的品质与安全。淀粉基活性包装薄膜是目前抗菌活性包

装的一个重要发展方向，也是研究的热点领域。

(1) 不同来源淀粉复合膜的应用与研究现状　淀粉分为直链淀粉和支链淀粉。直链淀粉是由葡萄糖组成的线性聚合物，具有 α-1,4-糖苷键和螺旋结构，而支链淀粉是一种支化聚合物，分子量比直链淀粉高。因此，淀粉中直链淀粉和支链淀粉的含量直接影响淀粉的理化特性[48]。直链淀粉和支链淀粉的含量与淀粉的来源相关（表 5-1）。由于直链淀粉和支链淀粉的比例以及分子结构性质的不同，淀粉源对薄膜的特性有着决定性作用。事实上，淀粉中直链淀粉和支链淀粉的比例与复合膜的结晶特性、吸水性和机械性能相关。淀粉不是真正的热塑性塑料，但在高温环境下，在有剪切力作用及增塑剂存在的条件下，可以熔化和流动，具有可加工成型的能力。

表 5-1　不同来源的普通淀粉中直链淀粉和支链淀粉的百分比以及颗粒大小[49]

淀粉来源	直链淀粉含量/%	支链淀粉含量/%	颗粒大小/μm
土豆淀粉	21	79	36
木薯淀粉	17	83	14
玉米淀粉	26	74	14.3
大米淀粉	17	83	6
蜡质玉米淀粉	1	99	—
高直链玉米淀粉	50～85	15～50	9.8
小麦淀粉	25	75	7～20
圆粒豌豆淀粉	33～50	50～67	2～40
皱粒豌豆淀粉	61～88	12～39	17～30

淀粉的不同来源赋予其不同的理化特性，可满足食品包装行业对生物质膜的不同需求。目前用于制备薄膜的淀粉主要来源于玉米、大米、豌豆、小麦、葛根、土豆、木薯等。

玉米淀粉：Ortega-Toro 等[50] 研究了添加表面活性剂对玉米淀粉基薄膜的结构、力学、光学和阻隔性能的影响。结果显示，表面活性剂的添加影响了淀粉的粒径分布，并导致薄膜基质微观结构变得粗糙，降低了薄膜对水气的透过性，提高了对氧气的透过性。do Evangelho 等[51] 评估了含有柑橘精油的玉米淀粉膜的抗菌活性、形态、光学、机械和阻隔性能。结果显示，由于柑橘精油的加入，薄膜的均匀性和强度变差，柔韧性改善，薄膜的含湿量、水溶性和水气透过率增大，薄膜对 *S. aureus* 和 *L. monocytogenes* 具有较强的抑菌活性。

大米淀粉：Mathew 等[52] 在太阳光照下用一步法制备纳米银离子/聚乙烯醇/大米淀粉共混膜，证实了 3 种组分之间存在物理相互作用。与对照膜相比，纳米共混膜的力学和光学性能明显改善、湿敏性降低，并且对环境微生物具有优异的隔阻性能，同时还具有生物降解能力。Chan 等[53] 研究了增塑剂（甘油、山梨醇）和载药量（模型药物对乙酰氨基酚）对大米淀粉膜药物释放模式的影响，发现最高药物溶出速率在大米淀粉膜低载药量时出现，且载药量增加时，薄膜的溶胀行为在药物释放方面逐渐起主导作用。

豌豆淀粉：Saberi 等[54] 研究了不同天然抗氧化剂（表没食子儿茶素没食子酸酯、蓝莓果实提取物、澳洲坚果果皮提取物和香蕉皮提取物）对瓜尔豆胶-豌豆淀粉膜的物理性能和抗氧化特性的影响。结果表明，活性物质的加入导致薄膜的含水量、水溶性、溶胀度、水气透过率和透明度明显降低，薄膜的抗氧化活性显著增强并与活性物质浓度呈正相关。Zhou 等[55] 使用辛烯基琥珀酸酐改性豌豆淀粉作为中间层，构建出一种三明治结构薄膜，改善了豌豆淀粉和聚乳酸层之间的黏合，形成机械强度很高的互穿网络，同时，由于三明治结构的协同效应，薄膜对水气和氧气的阻隔性能显著增强，在草莓储藏过程中表现出了良好的效果。

小麦淀粉：Ju 等[56] 探究了含辣木叶提取物（MLE）的小麦淀粉膜的抗氧化性能，该薄膜具有良好的抗氧化活性、抗紫外线能力和生物降解能力，薄膜的柔韧性随着 MLE 含量的增加而提高。Yousefi 等[57] 采用流延法制备了含有钠蒙脱土、二氧化钛纳米颗粒和交联小麦淀粉的三元纳米复合薄膜，与天然小麦淀粉膜相比，复合膜具有更好的物理机械性能、热力学性能和紫外阻隔性能。

葛根淀粉：Nogueira 等[58] 研究了黑莓果肉的加入对葛根淀粉膜性能的影响。发现随着黑莓果肉的加入，葛根淀粉膜的厚度增加，柔韧性、水气透过率以及水溶性均提高，并且薄膜颜色对 pH 具有响应特性。Fakhouri 等[59] 将蔓越莓掺入葛根淀粉基质中，发现蔓越莓的加入使淀粉膜表面变得粗糙且不规则，薄膜的玻璃化转换温度也随之降低，并且薄膜在呈现出较高的抗坏血酸能力的同时具有良好的感官评价。

土豆淀粉：Farajpour 等[60] 研究了橄榄油和不同浓度的玉米醇溶蛋白纳米粒子（ZNP）对增塑土豆淀粉膜结构和物理机械性能的影响，发现 ZNP 能够增强复合膜的柔韧性和疏水性。Davoodi 等[61] 研究了富含聚山梨酯-百里酚胶束的土豆淀粉膜的抗氧化/抗菌活性和物理性能，发现聚山梨酯-百里酚胶束的存在会增加薄膜的柔韧性、溶解性和水气透过率，且当百里酚胶束存在时，薄膜才具有良好的抗氧化/抗菌活性。

木薯淀粉：Qin 等[62] 基于木薯淀粉和黑果枸杞（LRA）开发出 pH 敏感包装膜。研究发现，LRA 的加入不仅使木薯淀粉膜具有抗氧化性和 pH 敏感性能，还显著提高了木薯淀粉膜的水气和紫外可见光隔阻能力、拉伸强度和抗氧化能力，可以用于监控肉类的新鲜程度。Orozco-Parra 等[63] 以菊糖为益生元分子、干酪乳酸杆菌为益生菌、木薯淀粉为膜基质，制备可食性薄膜，发现木薯淀粉对酸水解的抗性不高，菊糖的存在增加了薄膜的柔韧性和水气透过性，并且能够在一定程度上保护益生菌，减少益生菌的活力损失。

西米淀粉：Oladzadabbasabadi 等[64] 用水解-羟丙基西米淀粉和卡拉胶混合制备复合膜，该薄膜的干燥动力学和力学性能与明胶相当，溶解度高于明胶膜，且在较高相对湿度下比明胶膜更稳定，这种水解-羟丙基双改性西米淀粉膜能够替代明胶用于药物胶囊加工。Mei 等[65] 结合火炬姜花青素和西米淀粉开发不同浓度火炬姜提取物的 pH 敏感膜，火炬姜提取物的加入导致薄膜的力学性能降低、柔韧性和湿敏性增加，同时复合膜的 pH 响应范围为 4～9，可用于智能包装，以监控食品的新鲜度或腐败程度。

本研究中，我们感兴趣的是山药淀粉（YS，Yam starch）。山药本名薯蓣（Dioscorea opposita Thunb），是薯蓣科植物的块茎，作为一种药用保健食品，在我国拥有悠久的食用历史[66]。YS 颗粒粒径大小为 8～80nm，富含直链淀粉（20％～26％），能够形成稳定的膜结构，生物降解性强，是环境友好型抗菌活性包装材料的理想原料，在功能性食品包装及生物医药领域具有广阔的应用前景。Nagar 等[67] 研究了亲水胶体（琼脂、黄原胶等）对 YS 糊化、流变学、热力学和形态特性的影响，结果表明亲水胶体能够使 YS 具有更好的结合能力。Sukhija 等[68] 以 YS 为基材，添加乳清浓缩蛋白和车前子壳粉末以制备生物降解膜，该 YS 薄膜与纯 YS 薄膜相比展现出较高的拉伸强度。Gómez-Contreras 等[69] 以热塑性山药淀粉（TPS）和聚乳酸为基质，使用环氧化芝麻油改性复合材料，环氧化芝麻油在 TPS 和聚乳酸共混物中具有耦合效应，其加入可以通过增加 TPS 和聚乳酸分子间的相互作用有效改善共混界面。然而，国内外有关 YS 活性包装膜的研究报道较少，为拓宽 YS 应用领域，并为 YS 的高值化应用奠定基础，本研究选择 YS 为基材，构建系列抗菌活性薄膜。

（2）精油在淀粉复合膜中的应用与研究现状　近年来，基于生物聚合物的生态友好型淀粉基食品包装材料的相关研究越来越多，但由于淀粉基薄膜对水气的透过性较高，很容易被细菌等微生物破坏，因此淀粉基薄膜往往需要具有抗菌特性来防止食品污染。从芳香植物中提取的精油组分拥有优秀的广谱抗菌性，并已证明其作为食品包装材料中抗菌添加剂的有效性[51,70,71]，而精油（EOs）的加入正是让薄膜拥有抗菌性的几种有效方法之一。许多研究人员报道，将精油添加到淀粉基包装材料中可以提高其稳定性，保留其风味和功能特性[72,73]，对食品储存有积极作用。使用少量的 EOs 可以在降低制备膜成本的同时提高淀粉膜的机械性能，使薄膜能够长时间保持稳定的结构。在淀粉膜中加入抗菌剂，能够让薄膜具有抗菌浓度低、扩散速度稳定等优点。

体外研究表明，EOs 对 *L. monocytogenes*、*S. typhimurium*、*E. coli*、*S. dysenteriae*、*B. cereus* 及 *S. aureus* 等多种细菌的 MIC 在 0.2～10μL/mL（表 5-2）。EOs 组成较为复杂，其抑菌作用机理可能涉及细菌细胞中的多个靶

点，且 EOs 的疏水性使它们能够穿透细胞膜和线粒体的脂质层，导致细菌细胞内容物的泄漏。一方面，由于 EOs 是 FDA 公认安全的物质，可以作为防腐剂和调味品中的食品添加剂；另一方面，EOs 由于其强烈的气味、潜在的副作用以及环氧乙烷敏化，不能直接添加至食品中。因此，往生物质基膜中加入 EOs 不失为一种有效的 EOs 利用方法。此外，经过合适设计的生物质基膜可以有效控制活性物质的释放。

表 5-2　一些精油对抗不同细菌的最低抑菌浓度（MIC）[74]

精油来源	微生物	MIC	文献
柠檬草	*E. coli*	0.6μL/mL	[75]
	S. typhimurium	2.5μL/mL	
	S. aureus	0.6μL/mL	
牛至	*E. coli*	1600～1800μL/L	[76]
	S. aureus	800～900μL/L	
薰衣草	*E. coli*	2000μL/L	[76]
	S. aureus	1000～1200μL/L	
肉桂	*E. coli*	4mg/mL	[77]
	S. aureus	0.5mg/mL	
蒌叶	*E. coli*	4mg/mL	[77]
	S. aureus	0.5mg/mL	
众香树	*E. coli*	2.5mg/mL	[77]
	S. aureus	1mg/mL	
小花柳叶菜	*E. coli*	10～40μg/mL	[78]
	S. aureus	10～40μg/mL	
丁香罗勒	*E. coli*	6μg/mL	[79]
	S. aureus	0.75μg/mL	
大蒜	*E. coli*	15～1500μg/mL	[79]
波叶鼠尾草	*S. aureus*	2mg/mL 或＞2mg/mL	[80]

由于天然抑菌剂 EOs 的引入，EOs-淀粉基薄膜在食品包装中具有很高的应用价值和创新性。此外，淀粉基薄膜中 EOs 的加入也会影响复合膜的机械性能。当淀粉基薄膜中的 EOs 浓度很低时，复合膜的机械性能也在市

售包装材料的机械性能范围内。淀粉基薄膜中高浓度的 EOs 会降低复合膜的机械性能，导致聚合物链的内聚力降低，形成非均相基体，从而降低复合膜的拉伸强度，提高复合膜的断裂伸长率。表 5-3 为研究人员对 EOs 与淀粉基聚合物功效的评价。通过拉伸强度（TS）、杨氏模量（YM）和断裂伸长率（EB）评估了各种 EOs-淀粉基聚合物的力学性能。

表 5-3 抗微生物剂增强淀粉聚合物的含湿量、水气透过率、拉伸强度和断裂伸长率[81]

淀粉	精油	含湿量/%	水气透过率 /($g^{-1}\cdot s^{-1}\cdot Pa^{-1}$)	拉伸强度 /MPa	断裂伸长率 /%	文献
玉米/小麦	柠檬精油	16.2±0.29	3.28±0.06	11.16±1.03	26.50±0.39	[82]
木薯	肉桂精油	—	9.78±1.46	1.05±0.16	191.27±22.62	[70]
木薯	肉桂精油 (1.5%)	—	14.79±2.76	0.63±0.09	108.85±7.29	[83]
土豆	薰衣草精油 (2%)	72.28±9.75	—	62.8±1.90	19.5±2.6	[84]
豌豆	苦楝树精油	6.7±0.13	4.1±0.4	21.5±1.0	44±7	[85]
木薯	柠檬草精油 (0.5%)	—	23.28±1.17	0.52±0.022	30.02±1.46	[86]
木薯	茶树精油 (1.5%)	—	9.958±1.20	3.03±0.46	25.1±2.8	[87]
西米	肉桂皮精油 (2.0%)	—	21.38±1.29	1.23±0.09	58.56±1.23	[88]
土豆	薰衣草精油 (0.5%)	—	2.65±0.07	45.88±1.19	15.33±0.15	[89]

已有大量文献报道通过负载 EOs 获得淀粉基抗菌薄膜，其中具有代表性的工作如下：Sapper 等[90] 采用流延法制备出含有卵磷脂包裹的百里香精油或乳化过的百里香精油的淀粉-结冷胶共混物薄膜，发现所有薄膜对氧气均表现出较高的阻隔能力，卵磷脂的存在提高了薄膜的阻水性能和光泽度，此外，卵磷脂包裹提高了精油在薄膜基质中的保留率，抑真菌活性明显提高。Amiri 等[91] 通过传统乳液法、纳米乳液（NZEO）及强化纳米乳液（NZEOC）三种技术，制备了负载首乌精油（ZEO）和肉桂醛（CIN）的玉米淀粉膜，发现 ZEO 和 CIN 提高了淀粉膜的机械性能；含 ZEO 纳米乳液的淀粉膜比含 ZEO 淀粉膜的抗氧化活性高；含 NZEO 淀粉膜包装的牛

肉具有最好的化学与感官特性。Zheng 等[92] 以壳聚糖（CH）、燕麦淀粉（HOS）、山苍子精油（LEO）为原料，采用溶液流延法制备了可食用薄膜。研究结果显示，CH-HOS-LEO 薄膜具有优良的同时抗菌、抗氧化和物理性能。Li 等[93] 通过牛至精油负载和淀粉辛烯基琥珀酸化，制备具有抗菌性和耐水性的甘薯淀粉膜，发现辛烯基琥珀酸化有助于提高牛至精油分散的均匀性，提高薄膜的抗菌活性。同时，辛烯基琥珀酸化和牛至精油在提高薄膜的耐水性方面有协同作用。

后续章节介绍的 3 种 EOs（丁香酚、香芹酚和 α-松油醇）均在 FDA 的 GRAS 目录内，因其广谱抗菌活性常被用作食品防腐剂。

丁香酚（4-烯丙基-2-甲氧基苯酚，Eu）主要从肉桂、月桂叶、肉豆蔻、罗勒和丁香中提取，是丁香精油的主要成分，属于苯丙烷的烯丙基苯类，25℃时的密度为 1.067g/mL[94]，是 FDA 公认的安全食品添加剂[95]，它是一种无色或浅黄色液体，具有强烈的丁香香气和特殊的刺激性气味，在空气和光线照射下易发生氧化，且易挥发，拥有广谱抗菌活性，对常见的多种食源性细菌和霉菌的生长繁殖均有良好的抑制作用，已被广泛应用于香水香精、医药、化妆品、各类食品添加剂和活性包装材料中。由于 Eu 来源广泛、价格便宜、生物活性较强，已有较多的研究人员将其与各类天然生物聚合物结合用以制备活性包装材料。Bonilla 等[96] 将 Eu 和生姜精油作为活性成分，分别与明胶、壳聚糖和其复合物进行复配，成功制备了相应的活性包装薄膜。

生产用于食品包装的活性薄膜时，发现添加丁香酚的明胶-壳聚糖共混薄膜展现出了最佳抗氧化活性，能够延长高氧化电位食品的货架期。

Li 等[97] 报道了一种简便且经济的方法，能够用于生产基于大豆分离蛋白、蛋壳膜和丁香酚的功能性蛋白质复合膜。其中，丁香酚能够很好地乳化并分散到大豆分离蛋白和蛋壳膜基体网络中，研究还表明丁香酚提高了薄膜的机械性能、阻水性能、紫外阻隔性能、抗氧化性和抗菌活性。Requena 等[98] 分析了含有牛至或丁香精油的 PHBV 薄膜在食物基质中的抗菌效果，含有丁香精油的活性薄膜不仅展示了优秀的体外抗菌活性，还反映了活性物质在特定食品中发挥抗菌作用的有效性会受其他成分因素影响。Melendez-Rodriguez 等[99] 将丁香酚封装在介孔二氧化硅纳米颗粒中，再利用静电纺丝技术将含有丁香酚的纳米颗粒加载到聚（3-羟基丁酸酯-*co*-3-羟基戊酸酯）（PHBV）薄膜中。实验发现，薄膜具有持续释放能力，储存在密闭系统中的活性薄膜的抗菌活性在储存 15d 后还有增强表现。Zheng 等[100] 采用流延法和溶剂蒸发法制备了含有不同量橡子淀粉和丁香酚的壳聚糖可食用薄膜。实验表明，丁香酚的加入显著提高了薄膜的柔韧性、阻隔性、疏水性、抗菌性和抗氧化性。

香芹酚（2-甲基-5-异丙基苯酚）是一种单萜类化合物，主要从百里香、牛至等植物中提取，是牛至精油的主要成分。香芹酚是一种易挥发、有麝香草酚气味的无色或淡黄色稠厚油状液体，易溶于醇和醚，几乎不溶于水，具有多种生物活性，对常见的食源性细菌的生长繁殖具有良好的抑制作用，因此也常被用于医药、化妆品、各类食品保鲜等行业。Kong 等[101] 使用香芹酚纳米乳液、聚乙烯醇和玉米淀粉制备活性薄膜，香芹酚对薄膜的晶体结构并无影响，其加入显著提高了薄膜的机械强度、柔韧性、阻隔性能、抗氧化性和抗真菌活性。de Souza 等[102] 将香芹酚和蒙脱石以不同含量掺入热塑性淀粉薄膜中，由于蒙脱石和香芹酚精油之间的协同作用，薄膜表现出了针对大肠杆菌强烈的抗菌性能。Klinmalai 等[103] 通过将香芹酚以不同的聚合物比例掺入聚乳酸和聚（己二酸对苯二甲酸丁二醇酯）共混物中以制备香芹酚增塑膜，香芹酚的加入使薄膜具有更强的气体阻隔性能和抗真菌能力。

α-松油醇（α-萜品醇，α-4-三甲基-3-环己烯-1-甲醇）为单环萜类化合物，广泛存在于很多植物精油中，是一种无色稠厚油状液体或低熔点透明晶体，微溶于水和甘油，具有松针气味，同样具有广谱抗菌活性，对常见食源性细菌具有良好的抑制其生长繁殖的作用，因此常用于医药、农药等领域。Laorenza 等[104] 以松油醇、香芹酚和柠檬醛为原料，采用吹膜挤出法制备聚己二酸丁二醇酯和聚乳酸共混膜，降低了薄膜的结晶度并有效改善了薄膜的阻隔性能及抑菌性能。

因此可以认为，丁香酚、香芹酚和松油醇的加入能够改善生物聚合物薄膜的各项性能，均为适宜与天然聚合物结合用以制备活性薄膜的精油。

(3) 金属及其氧化物在淀粉复合膜中的应用与研究现状　近年来，金属及其氧化物在淀粉复合膜中的应用引起研究人员的广泛关注。金属原子或金属离子与淀粉分子间通过共价键或配位键作用形成淀粉化合物或复合物，其作用方式主要包括：①与淀粉形成共价键；②与淀粉形成配合物；③淀粉表面吸附作用；④淀粉螺旋结构的包合作用；⑤淀粉颗粒之间的毛细管作用。主要复合物如图 5-3 所示[105]。

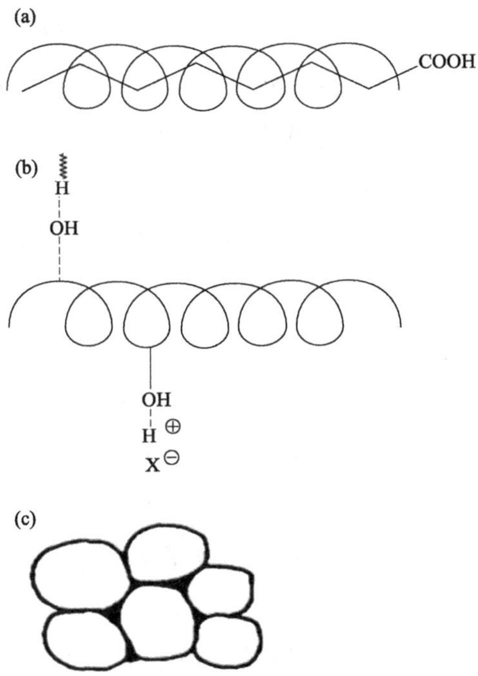

图 5-3　淀粉复合物

(a) 直链淀粉的包合复合物；(b) 直链淀粉的吸附复合物；

(c) 粒状淀粉的毛细管复合物（黑色区域代表客体分子）[105]

与有机抗菌剂相比，金属或金属氧化物因其优良的稳定性和广谱抗菌特性，特别是氧化锌（ZnO）、银（Ag）、二氧化钛（TiO_2）、氧化镁

(MgO)、氧化铜（CuO）和氧化钙（CaO），已经广泛应用于抗菌领域[45,105,106]。其中，ZnO 纳米颗粒具有许多优良的性质，如无毒、抗菌活性和紫外阻隔性能。此外，Zn 元素也是人体所必需的一种重要微量营养元素，已广泛应用于食品添加剂、早餐谷物和动物饲料中。

ZnO 有 3 种晶体结构：纤锌矿、闪锌矿和岩盐（图 5-4）。纳米 ZnO 的制备比较容易，常见的方法有水热合成法、沉淀法、微乳液法、气相沉积法、溶胶-凝胶法等，能够获得各种结构、尺寸和形状的 ZnO 纳米颗粒[107-110]。ZnO 是美国食品药品监督管理局（FDA）公认安全的 5 种锌化合物之一[111]，具有广谱抗菌能力，对革兰阳性和革兰阴性菌表现出有效的抗菌活性，对各种真菌/病毒物种具有显著的生物灭杀效果[112,113]。同时，ZnO 具有环境友好、无毒、生物安全和生物相容等优势，在生物领域应用非常广泛[114]。纳米 ZnO 与高分子聚合物［如淀粉[111,115,116]、细菌纤维素[117]、甲基纤维素[118]、聚乙烯醇（PVA）[119]、海藻酸盐[120]、壳聚糖[121] 等］进行复合，能够赋予基材良好的抗菌活性和紫外吸收性能，并提高薄膜的热稳定性、力学性能和阻隔性能，常用于制备功能纳米复合涂层或薄膜，应用于食品、纺织、环境等领域。

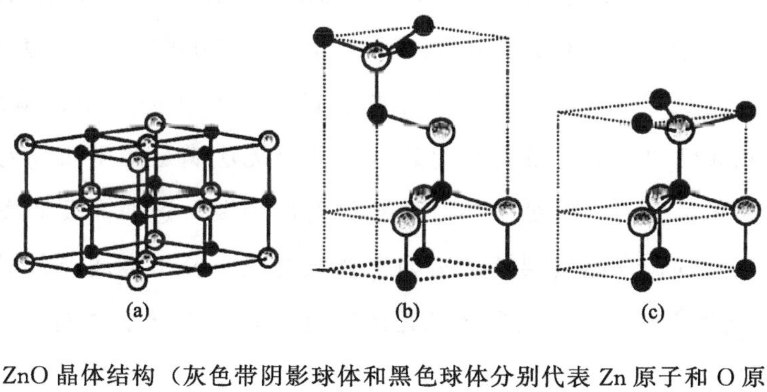

图 5-4　ZnO 晶体结构（灰色带阴影球体和黑色球体分别代表 Zn 原子和 O 原子[122]）

(a) 岩盐结构；(b) 闪锌矿结构；(c) 纤锌矿结构

将纳米 ZnO 颗粒作为填料掺入生物聚合物基质中，可以改善所制备的生物复合材料的机械性能和阻隔性能。Mirjalili 等[123] 以 ZnO 纳米粒子为载体，通过流延法制备淀粉-ZnO薄膜，该薄膜的拉伸强度增加9.8366MPa，断裂伸长率增加94%，薄膜对*S. aureus*和*E. coli*的抗菌活性分别为92%和98%。Hu等[116]采用溶胶-凝胶法制备出含57.3%（质量分数）ZnO的ZnO-壳聚糖纳米颗粒，该纳米粒子的加入使淀粉基薄膜的拉伸强度增加8.68MPa，同时薄膜的水气透过率从51.0%大幅降低至43.7%，薄膜的抗菌活性也随着纳米颗粒的负载量增加而增大。Ma等[124]以甘油增塑豌豆淀粉（GPS）为基质，以纳米ZnO为填料，制备出生物纳米复合薄膜。结果显示，纳米ZnO的含量由0增加到4%，其拉伸强度和杨氏模量分别由3.94MPa增加到10.80MPa和由49.80MPa增加到137.00MPa，水蒸气的透过率由$4.76\times10^{-10}g\cdot m^{-1}\cdot s^{-1}\cdot Pa^{-1}$降低到$2.18\times10^{-10}g\cdot m^{-1}\cdot s^{-1}\cdot Pa^{-1}$。Zhang等[125]以纳米ZnO颗粒和鱼皮明胶为基础，结合不同浓度的生姜精油，制备微乳液纳米薄膜。结果表明，ZnO的加入对复合膜的机械强度有显著影响，且增强了薄膜的抗菌活性。Babaei-Ghazvini等[126]采用流延法制备了淀粉/葡萄糖/半乳二糖/ZnO复合膜。该复合膜具有优良的防紫外线性能，当ZnO在（0～3%）范围内增加时，薄膜的强度和热稳定性提高，水气透过率降低。Saral Sarojini等[127]以聚氨酯（PU）和壳聚糖为原料，通过加入纳米ZnO，制备出可生物降解的食品包装膜。研究发现，纳米ZnO的加入增强了薄膜的抗菌性、阻隔性和疏水性，且薄膜具有很好的降解特性，土壤中28d的降解率高达86%。

（4）金属及其氧化物与精油在生物基薄膜中的协同作用　众所周知，低活性或功能性单一的传统食品包装材料已经无法满足当下市场对活性包装材料的要求了。为了满足市场对包装材料的需要，迫切需要研发能更好地保护食品和延长食品货架期的新型生物复合膜。鉴于金属及其氧化物和植物EOs的性能优势，二者共掺杂是改善复合膜物理化学性能和功能特性的有效方法之一。

一些金属及其氧化物的存在不仅可以提高聚合物基体的热稳定性、力学性能和阻隔性能，还可以赋予复合材料优良的抗菌活性。EOs对薄膜基质具有增塑剂效果，可显著改善薄膜的柔韧性，同时还可以进一步提高薄膜的阻隔性能、光学性能和抗菌活性[128]。利用金属氧化物和EOs的协同作用，在构建抗菌薄膜方面展现出很大的潜力。Ahmed 等[129] 利用模压成型技术将双 Ag-Cu 纳米颗粒（NPs）和肉桂精油负载于聚乳酸（PLA）基体中，制备出具有增塑聚乳酸多功能特性的复合膜。Ag-Cu NPs 和肉桂精油的存在产生了一个非常复杂的流变体系，该薄膜对 *S. Typhimurium*、*C. jejuni* 和 *L. monocytogenes* 表现出优良的抗菌活性，能够延长鸡肉的货架期。Chi 等[130] 评估了 PLA 膜、PLA/佛手柑精油（BEO）膜和 PLA 纳米复合膜（PLA/BEO/纳米 TiO_2 膜和 PLA/BEO/纳米 TiO_2/纳米 Ag 膜）对杧果在室温下储藏 15d 的理化和微生物质量的影响。结果显示，PLA 纳米复合膜可以有效缓解杧果在储藏期间的硬度、颜色、总酸度、维生素 C 损失以及微生物性质的变化。Wang 等[131] 以壳聚糖/马铃薯蛋白/亚麻籽油/ZnO NPs（Fcpzl）为原料制备生物聚合物薄膜。结果表明，ZnO NPs 的加入可以有效提高薄膜的透明度和拉伸强度，而亚麻籽油可提高薄膜的柔韧性，Fcpzl 共混膜则具有良好的防潮性能以及防腐能力。

抗菌物质杀死细菌存在多种不同的机理（图 5-5），利用 ZnO 等和精油具有不同杀死细菌的方式以及它们对细菌抑制倾向的差异，可以使复合膜具有更加优异的广谱抗菌效果。

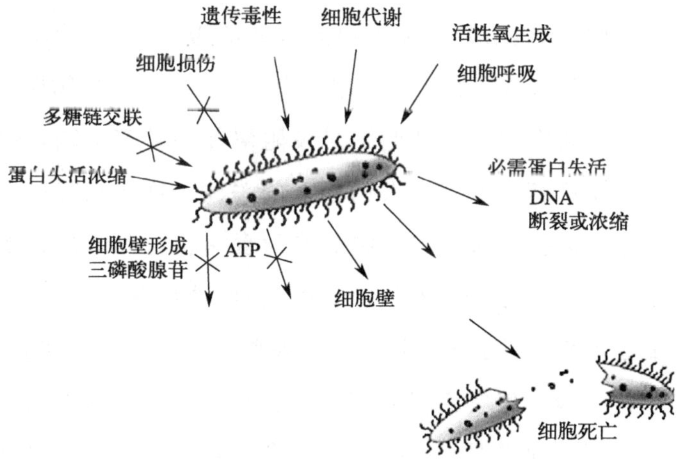

图 5-5　抗菌物质杀死细菌的潜在机制（关键目标包括细菌细胞基因组、代谢和呼吸途径，细胞外被膜的合成和膜干扰物[132]）

第二节　精油显著的生物活性

大约30%的食物在收获和运输过程中变质，从而导致全球浪费。因此，通过适当的食品包装保护食品免受致病菌侵害，可以显著减少因微生物、机械损伤以及紫外线辐射造成的全球食品浪费。在各种食品包装材料中，石油基材料凭借其优异的机械强度、良好的物理与化学稳定性、有效阻隔性能及轻便等优势占据主导地位[133]。然而，这类材料的大量使用不仅消耗了不可再生资源的储量，还加剧了能源危机。此外，石油基包装材料的不易降解性也引发了一系列生态与经济问题。进入21世纪以来，社会对环境保护与可持续发展的重视程度不断提高，因而研究人员积极开发无毒且可降解的新型食品包装材料。

近年来，为适应低碳环保经济的发展，可再生资源用于制造食品包装薄膜越来越受到关注。这些材料在开发下一代食品包装材料方面发挥着重要作用。从生物质原料中获得的一些多糖，如淀粉、纤维素、壳聚糖和卡拉胶，被认为是理想的可再生且可生物降解的材料之选。同样，一些脂类（如蜡类、酰基甘油和脂肪酸）和蛋白质（如酪蛋白、大豆蛋白和角蛋白）也显示出它们在食品包装中的巨大应用潜力[134]。尽管以生物聚合物为基础制作的食品包装材料存在机械性能不足及阻隔能力差等缺陷，但由于其生产成本低廉且应用广泛，引起了人们极大的关注。这些缺陷可以通过加入活性成分来克服，以提升这些塑料制品作为食用包材时所需具备的重要特性。这些添加剂可以分为化学合成与天然来源两种类型[135]。

虽然合成添加剂提供了诸多好处，例如调节气体氛围、防止食材脱水，以及抑制微生物生长，但它们必须经过严格评估，并确保对人类安全。此外，当这些合成添加剂遭遇产品损坏或不合理使用时，其重复利用价值会降低。因此，自然界中的一些活性化合物，如精油（EOs）、多酚及其他提取液，也逐渐受到重视。

然而，需要注意的是，即使是天然化合物，对人体仍可能产生有害影响，因为其自然来源并不能完全保证安全。近几年，精油作为天然活性成分，在食品工业中的应用日益增多[136]。一些研究表明，精油展现出良好的抑菌效果，由于美国FDA认定其安全，它们成为抗生素潜在而有趣的新替代品[137]。此外，将精油掺入食品封装材料中，有助于有效防护食材免受氧气干扰，从而减缓其劣变过程。大量证据表明，基于多糖、蛋白质和脂肪的天然可食用聚合物，因其良好的成膜性，被广泛用于制作可食用涂层与食品包装。而近年来，将精油添加到由生物基聚合物制成的功能性塑料中，以赋予其新的活性，使得这些薄膜具备卓越的抗氧化与抑菌特性。

一、抗氧化活性

一种前景广阔的策略是利用外源性抗氧化剂减少氧化损伤。研究人员指出，天然抗氧化剂在保健品、食品及医药等领域具有良好的应用潜力。精油（EOs）是由次生代谢物组成的挥发性、天然且复杂的化合物，通常存在于芳香植物的叶子、树皮和果实中。在不同实验中，EOs展现出优异的抗氧化活性，这一特性与EOs的来源及提取方法密切相关。从迷迭香、百里香和月桂等植物中提取到的精油含有多种活性成分，并显示出良好的抗氧化活性。EOs的抗氧化作用主要通过以下机制实现：防止链起始、自身作为自由基清除剂、还原反应、防止过氧化物持续生成，以及抑制单线态氧形成。此外，它们还可以结合过渡金属离子以发挥催化作用。EOs的抗氧化活性依赖于其具体组成。一些研究表明，次生代谢物及具有共轭双键结构的酚类物质通常表现出显著的抗氧化性能。

Victoria等[159]研究了巴西樱桃（*Eugenia uniflora* L.）叶片中的EOs，经水蒸馏后鉴定出了7种主要成分。同时，通过1,1-二苯基-2-苦酰基肼（DPPH）、2,2-氮唑-3-乙基苯并噻唑-6-磺酸（ABTS）及铁离子还原能力测定（FRAP），该叶片展示了卓越的抗氧化能力。鼠尾草中的天然提取物能够有效清除自由基。对鼠尾草叶提取物进行成分分析发现，其主要成分为樟脑油、1,8-桉树脑和α-图谱酮。El Euch等[160]和Bouaziz等[161]的研究结果显示，DPPH自由基清除实验数据表明，两种鼠尾草叶精油的半数抑制浓度（IC_{50}）相似［分别为（8.31±0.55）mg/L和（7.70±0.90）mg/L］。该微小差异提示，其抗氧化效力的不同主要源于鼠尾草类型与精油浓度之间的交互作用，而非单一因素的主导，而微小差异可归因于类型与EOs浓度的不一致。一项研究发现，在浓度为0.1～15mg/mL时，姜黄提取物对DPPH自由基的清除活性提升显著（从12.7%增加至90.5%）。此外，当浓度达到20mg/mL时，该挥发油对自由基的清除率高达96.8%，明显高于普通维生素C挥发油所表现出的91%[162]。

哈梅纳伊藤俗称巴西木棉，是一种传统的巴西药用植物，用于治疗呼吸系统疾病、风湿病、肿瘤、炎症及糖尿病等引起的疼痛。然而，关于其药用特性的研究仍然较少。实验结果显示[163]，该植物毛囊膜EOs对DPPH、ABTS、超氧基和羟基自由基的IC_{50}值分别为（127.51±0.01）μg/mL、（257.03±0.11）μg/mL、（328.28±0.11）μg/mL和（467.29±0.12）μg/mL。不同自由基间EOs抗氧化活性的差异可归因于自由基本身立体选择性的影响，以及EOs在各测试体系中的溶解度等因素，这些因素均会影响它们与自由基发生反应的能力，从而降低其淬灭不同类型自由基的效力。有极少数化合物能同时具备ABTS清除与DPPH清除活性[164]。

采用超快气相色谱技术构建的电子鼻装置，可以在短时间内准确区分并识别不同的气味组分。在此方法下，Wu等[149]以94%的准确率检测到了菠萝精油中的组分。他们发现其主要成分包括卡拉胶（carrageenan）、β-马利烯（beta-muurolene）、缬草烯-4,7(11)-二烯［valerena-4,7(11)-diene］、阿里斯托烯（mastigophorene）、γ-松油烯（gamma-terpinene）和塞舌尔烯（seychelles）。此外，该电子鼻装置使得对每个组分氧化活性的快速评估成为可能。从数据来看，对于ABTS，自由基消耗率（95%）高于DPPH(72.4%）和OH自由基（73.0%）。具体而言，β-马利烯对于ABTS自由基消耗率（95%）高于对DPPH（72.4%）和OH自由基（73.0%）的消耗率。缬草烯-4,7(11)-二烯、阿里斯托烯、γ-松油烯和塞舌尔烯对ABTS、DPPH与OH自由基的抑制效果分别为70.6%、52.3%与26.4%；69.5%、41.6%与22.5%；78.1%、

46.2%与6.4%和78.8%、51.4%与7.1%。

二、抗菌活性

微生物对食品质量的影响不容忽视，因此，有效控制其在食品上的生长是食品包装材料的基本功能。植物精油（EOs）能够有效抑制多种微生物的生长，包括大肠杆菌、金黄色葡萄球菌和李斯特菌等。尽管已有研究揭示了不同EOs抗菌机制之间的异同[165-181]，但EOs在抑制微生物生长方面的应用仍需引起更多关注。

从植物中提取的精油成分极为复杂。例如，百日草提取物（含香芹酚和百里香酚）对弯曲乳杆菌的最小抑制浓度（MIC）和最小杀灭浓度（MBC）分别为（6.60±0.55）μg/mL和（9.10±0.42）μg/mL。百日菊展现出的抑菌活性与其通过弯曲乳杆菌细胞膜导致电解质渗漏、蛋白质流失及糖分减少有关。然而，由于百日菊精油成分复杂，其抑菌作用机制及相关成分可能不止一种。因此，需要进一步研究以全面了解它们对其他食源性病原体的活性及与其他食品成分之间的相互作用[181]。

Zhou等[166]分析了高良姜这一广泛用于亚洲的药用植物中的主要成分，他们发现肉桂酸乙酯、肉桂酸甲酯和正戊烷是其主要化合物。抗菌实验结果显示，高良姜EOs通过抑制p型ATP酶活性并下调四种与细菌感染相关基因的表达，破坏大肠杆菌O157：H7的生理代谢，进而抑制该细菌的增长。值得注意的是，肉桂酸乙酯能与$NAD(P)^+$竞争结合葡萄糖-6-磷酸脱氢酶位点，从而降低该酶的活性，并最终抑制呼吸代谢。

Barbosa及其同事[177]进行了蛋白质组学分析，以探讨牛至精油、百里香酚和香芹醇对肠炎沙门菌的抑制机制。他们比较了经亚致死浓度处理样品后细菌蛋白与未处理对照组间的差异。此外，还研究了蛋白质提取物在氧化应激、能量代谢酶活性及DNA合成方面所产生的影响。结果表明，在伴侣蛋白表达变化及某些细胞蛋白合成介导下，细菌信号系统发生应激反应，而肠炎沙门菌则依赖类似机制抵御氧化应激。在此过程中，与对照组相比，牛至叶提取物显著提高了GrpE和超氧化物歧化酶两种蛋白的表达水平。这些分析表明伴侣蛋白及其他应激相关蛋白在促进细菌存活中发挥重要作用，但当不可逆转的新陈代谢失衡状态出现时，则会导致细菌死亡。

为了进一步探讨牛至精油的抗菌作用机制，在 MIC 和 MBC 分别为 0.06μL/mL 和 0.15μL/mL 条件下，对 4 株创伤弧形菌进行抗菌实验。结果显示，经 EOs 处理后的细菌样本表现出细胞内三磷酸腺苷（ATP）浓度下降、膜超极化现象加剧，以及 ROS 水平升高，同时内源性丙二醛（MDA）浓度也有所增加。然而，在所选 EOs 浓度条件下，并未检测到明显的 DNA 损伤[166,176]。这一结果提示 EOs 对创伤弧菌的抗菌效果可能是通过生成 ROS 引发脂质过氧化反应实现的[167]。

此外，对于樟脑提取液而言，其对大肠杆菌抗菌活性的效果并不显著，却证明 EOs 能够通过干扰大肠杆菌的新陈代谢、趋向能力以及黏附能力达到一定程度上的增殖抑制。不仅如此，还有研究者从一些微生物中成功提取并分离出新型挥发油 ashbyii H4565，该挥发油主要由香叶醇、香茅醇、苯乙醇等组成。在测定该挥发油针对金黄色葡萄球菌、枯草芽孢杆菌、大肠杆菌时，其 MIC 值分别为 15.6μg/mL、7.8μg/mL 和 31.2μg/mL，均表现出较强的抗菌性能。同时，通过扫描电镜观察可知，该挥发油能够有效破坏细菌的细胞壁和细胞质膜，从而阻碍细菌的生长[171]。

第三节　含 EOs 的生物聚合物基薄膜

绿色包装薄膜所用原材料为可再生生物资源，如壳聚糖、纤维素和聚乳酸等。这些材料在自然环境中降解时不会转化为持久的化学物质[133]。目前，食用蛋白质和多糖是生产可食用薄膜的常见原料。因此，研究人员越来越关注这些材料在食品和医药行业中的包装薄膜开发。

用于包装薄膜的理想材料应有效防止病原微生物的生长，并调节内外水分及气体交换，同时不影响食品的质量与风味，并有利于保持生产过程中的物理和化学性质稳定。然而，单一成分构成的生物材料虽然往往表现出良好的成膜性能，但其机械性能和水蒸气渗透性（WVP）可能受到不利影响。因此，近年来研究者们将重点放在辅助成分的掺入上，以提升薄膜性能[182,183]。

一些研究调查了精油（EOs）对不同基体材料制备的食品包装膜性能的影响[184]。文献［185-228］综述了将多糖、脂质和蛋白质等生物聚合物用作薄膜基材的研究，并系统归纳了各类精油特性对其薄膜功能的作用。

一、多糖

Acevedo-Fani 等[222]制备了由 EOs 纳米乳液组成的海藻酸盐基可食用薄膜。EOs（百里香油、香茅油和鼠尾草油）在分散相中，海藻酸钠溶液则处于连续相中。研究了这些薄膜的物理、机械及抗菌性能。纳米乳液的形成依赖于 EOs，其电位范围为－70～－41mV。其中，鼠尾草所制成的纳米乳剂表现出最高的白度指数，而百里香所制成的则最低；由鼠尾草 EOs 构成的薄膜展现出更高的透明度（5.69）、水蒸气透过率（WVP）［1.9×10^{-10}g/(m·s·Pa)］以及比百里香和香茅组合产品高 8%的断裂伸长率（ε）。含有百里香 EOs 的薄膜对接种的大肠杆菌具有显著的抗菌作用，在 12 小时后其对数减少率达 4.71。在另一项有趣的研究中，研究人员公开并制备了一种新型生物聚合物薄膜，该薄膜通过海藻酸钙形成凝胶网状结构。随后，将百里香油与醋酸或丙酸混合，并使用吐温-80 制备了抗菌微乳膜。这些微乳液薄膜表现出良好的 WVP、不透明度和润湿性，这归因于其较高的内部孔隙率和表面粗糙度。此外，微生物抑制区（抑菌圈）的直径较大，表明其具有显著的抗菌效果，对大肠杆菌和金黄色葡萄球菌的抑菌直径分别为 11.3mm 和 12.3mm[221]。

多糖薄膜由于其高水分吸收倾向、不利的机械性能及较低抗菌活性而限制了其实际应用。然而，魔芋葡甘露聚糖作为一种水溶性多糖，在可食用且可生物降解的包装薄膜的开发中展现出了极大的潜力。因此，Zhang 等[215]制备了一种新型魔芋葡甘露聚糖薄膜，并添加牛至精油。他们发现该薄膜内部组分之间形成氢键及静电相互作用，从而导致疏水性增强。此外，当牛至 EOs 浓度为 0 时，其断裂伸长率约为 13%，当浓度达到 7.5%时，则增至约 32%；同时 DPPH 清除活性约为 95%，并具备良好的抗大肠杆菌及金黄色葡萄球菌活性。尽管实验发现 EOs 在 21 天内从薄膜中持续释放，但使用含 25%、40%及 50%EOs 的薄膜包装的草莓，在贮存 20 天后仅表现为质地软化，并未出现腐败变质。这一结果有力地验证了该薄膜在延长草莓货架期方面的有效性。

Liu 等[216]发现，通过加入大豆分离蛋白、细胞纤维素纳米纤维等成分，可以增强由百里香与魔芋葡甘露聚糖组成的厚片结构性能。同时，由于其优异的生物相容性、生物降解性、水溶性及成膜特性，纤维素硫酸钠被认为是一种极具潜力的可食用食品包装材料。研究人员将环糊精与芥菜子精油 EO 结合，以探讨硫酸纤维素钠薄膜的力学性能与抗菌效果。结果显示，与不含芥菜子精油 EO 的薄膜相比，含有芥菜子精油 EO 的薄膜具有更高的断裂伸长率（分别为 21.3%和 47.6%），但拉伸强度略低（σ 值分别为 46.3MPa 和 39.5MPa），杨氏模量分别为 1398，以及 WVP 值分别为 2.37×10^{-11}g/(m·s·Pa) 与 2.79×10^{-11}g/(m·s·Pa)。此外，这些含有 EO 的薄膜对大肠杆菌呈现 100%的抑杀活性，对金黄色葡萄球菌则是 99.6%；然而，对于枯草芽孢杆菌仅呈现 28%的抑杀效果，而对黑曲霉仅呈现 13%。环糊精的掺入降低了 EOs 的释放速率，因此延长了该类薄膜的抗菌效能[191]。一项研究[190]表明，利用环糊精包埋肉桂皮与柠檬茶提取物，能有效提升由三叶草纤维素制备的薄膜的稳定性，包括肉桂皮与柠檬茶提取物。

二、脂质

研究人员已获得天然疏水性化合物，如蜡和油，以制造高度防水膜。研究人员将巴西棕榈蜡（一种成本低、无毒且具备防水特性的材料）掺入明胶薄膜中，以增强其疏水性。随后，将薄膜与柠檬草精油混合，其中单萜烯和倍半萜具有显著的抗氧化特性。此外，在高浓度精油下，薄膜的接触角明显增大，同时降低了水蒸气透过率（WVP）[211]。Syahida 等[212]从巴西棕榈中提取了巴西棕榈蜡，并将这种蜡制成纳米乳液，以提高淀粉基涂料的防水能力。与常规洗剂相比，纳米洗剂中的巴西棕榈蜡对脂肪含量的影响微乎其微，但改善了涂层的力学性能和显微组织。

为了进一步提升涂层性能，研究者使用纤维素纳米晶体（CNCs）来改善涂层的拉伸及阻隔性能，从而增强涂层对果实表面的附着力。在对马提尼香椿和薄荷精油进行理化性能研究时发现，该涂层表面的接触角值为77.08°～80.63°。实验结果分析表明，涂层的疏水性主要归因于存在巴西棕榈蜡。此外，除了疏水性，黏度也是一个必须在应用于食品之前评估的重要参数。研究显示，所有分散体均表现为假塑性流体，其黏度随剪切速率增加而降低，这源于聚合物链在剪切作用下从无规取向转为沿流向排列，从而减少了流动阻力。测量显示，纤维素纳米晶体体系的零剪切黏度（η_0）介于1.09～1.86Pa·s之间；而精油的加入起到了稀释与增塑作用，导致该黏度值显著降低[229,230]。

在类似研究中，将棕榈蜡和姜添加至羟丙基甲基纤维素中形成精油涂层。发现添加棕榈蜡有助于延缓储存水果中的水分流失，从而延长保质期。然而，不同大小的巴西棕榈蜡乳液滴对于纤维素孔片渗透性的影响不同，这可能导致木瓜皮上毛孔正常呼吸程度的不一致[231]。同样，有科学家比较了采用明胶/棕榈蜡/柠檬草复合膜包装的碎牛肉，与未包装的或仅用未涂布任何功能材料的牛皮纸包装的碎牛肉在品质保持上的差异，发现用含有经棕榈蜡和精油处理过的牛皮纸包装能够更好地保持牛肉品质[212]。

Ganeson等[232]研究了肉桂油作为乳化剂对明胶薄膜的改性作用。他们通过将明胶与肉桂油以70∶30、60∶40及50∶50的比例复配，系统分析了肉桂油（作为天然表面活性剂）与聚合物基质间的相互作用，并对薄膜的物理性质、形态结构和功能特性进行了表征。当按70∶30比例加入肉桂油到乳化明胶薄膜中时，当明胶与肉桂油以70∶30的比例制备成薄膜时，该薄膜展现出显著优越的力学性能［(0.211±0.05)MPa］、良好的水阻隔能力［<200g/(m^2·d)］、约20%的抗氧化活性及237.07℃的热稳定性。这项关于增加抗氧化活性的研究表明，将肉桂油包裹在明胶基质内能更有效地保留生物活性成分，用于食品包装。

三、蛋白质

通过碱溶法提取的鱼分离蛋白（FPI）是一种前景广阔的食品原料，用于制备黄色脱色膜。Arfat 等研发了一种由 FPI（基质材料）、明胶、罗勒叶精油（EOs）和氧化锌纳米颗粒组成的食品包装膜。他们发现，随着 EOs 浓度的增加（0～100%，质量分数），薄膜的抗拉强度 σ 降低（14.70～7.23MPa），而延展性 ε 则显著提高（56.39%～110.05%），同时抑菌活性也有所增强。此外，罗勒叶 EOs 的掺入提升了薄膜的稳定性，但降低了其透明度。因此，这种含有罗勒叶成分的薄膜在食品包装材料中具有良好的应用前景，有助于确保食品安全储存并延长保质期[204]。

Wu 及其同事[202]对含有肉桂 EOs 纳米脂质体的明胶薄膜进行了研究，他们发现加入 EOs 导致了明胶薄膜的多项性能变化，包括水溶性的降低，水分含量、蒸汽透过率（WVP）、延展性 ε 和稳定性的提高。值得注意的是，含有 EOs 纳米脂质体的明胶薄膜展现出更为有序的内部网络结构以及更均匀的表面形态，相较于对照组表现更优越。总体而言，这些薄膜作为活性包装材料显示出巨大的潜力。

此外，研究人员还制备了由大豆蛋白构成的可食用薄膜，并对金合欢胶进行化学合成，以探讨各种精油（如牛至、柠檬和葡萄柚精油）对其性质的影响。此外，研究人员制备了大豆蛋白可食用薄膜，并系统探讨了牛至、柠檬和葡萄柚等精油对薄膜性能的影响。结果显示，含有葡萄柚精油的薄膜水蒸气透过率最高，达 $(1.66\pm0.13)\times10^{-10}$g/(m·s·Pa)，但其抗拉强度也优于其他含精油的薄膜，达到 (3.56 ± 1.05)MPa。相比之下，添加牛至叶精油后的薄膜表现出较高的 DPPH 清除活性（＞3.5mg/mL），对于埃希菌最大抑制区达＞2.5cm（抑菌圈直径），而对于大肠杆菌和枯草芽孢杆菌分别为＞2.2cm。

体外释放研究表明，在 50%乙醇溶液中，牛至、柠檬及草莓 EOs 的释放遵循菲克扩散定律，而葡萄柚 EOs 的释放行为则符合 Peppas 模型所描述的非菲克扩散机制[224]。玉米蛋白是一种从玉米提取的不溶于水的脯氨酸蛋白，可广泛应用于各个行业。Moradi 等[226]利用不同浓度玫瑰 EOs（2%和 3%）与 1%月桂酸甘油，通过溶液铸造法制备了玉米蛋白薄膜。玫瑰精油掺入后增强了该薄膜对大肠杆菌 O157：H7 的抑菌活性，同时也提升了抗氧化能力（DPPH 清除率 30%）。

进一步将此类涂层应用到肉末上，并在 4℃条件下储存 3 天，仅使用 EOs 的薄膜能够有效抑制大肠杆菌生长，而不影响单核增生李斯特菌。同时，将甘油月桂酸酯与 EOs 结合使用，能有效抑制单核增生李斯特菌的生长。这些结果表明玫瑰精油与甘油月桂酸酯共同作用时，可使玉米蛋白具备良好的抗菌及抗氧化特性。然而，两者组合未表现出相加或协同效应以增强抗菌效果。

第四节 生物聚合物基薄膜的应用

研究表明，含有精油（EOs）的包装薄膜能够有效保护各种食品免受降解。本小节讨论了添加 EOs 的薄膜在保存肉类、奶制品、水果和蔬菜方面的应用[238-257]。在运输和储存过程中，外部因素（如水分流失和微生物繁殖）显著影响未包装蔬菜和水果的质量[233]。研究人员将这些现象与自我呼吸联系起来，并报告了采收后氧气扩散情况的重要性，以防止上述现象的发生。使用食品包装薄膜已被证实是一种有效的调节气体交换的手段[234,235]。此外，这些薄膜由适宜的食用材料及用于包装的 EOs 组成，使得水果和蔬菜的透气性能够达到最佳平衡，从而实现保持水分、良好的硬度及光滑的外观，减轻重量损失并降低溶质泄漏。

在销售期间，氧气和微生物引发的肉制品腐烂与脂质氧化，会显著增加加工、储藏过程中的损耗与保鲜成本，这部分成本最终会传导至消费端，引起价格上涨，因此需要严格关注肉制品的保鲜效果[236]。与传统塑料包装相比，含精油薄膜通过有效抑制微生物生长、降低水分流失速率并延缓质地软化，从而显著延长肉制品的保质期。此外，乳制品同样易受到微生物

（如李斯特菌、肠炎沙门菌等）的影响。因此，活性包装薄膜被广泛应用于乳制品的储存[237]。

一、水果和蔬菜包装

绿色食品薄膜包装材料被广泛应用于水果和蔬菜的保存。本研究通过含肉桂醛精油的壳聚糖膜处理接种青霉的苹果。15 天的贮藏结果表明，该薄膜能通过持续释放活性成分，有效抑制膜下真菌孢子的成熟与生长。

香蕉作为一种易腐烂的水果，储存难度较大。经过一段时间存放，香蕉表面颜色逐渐由绿色转变为黄色甚至黑色。存放 8 天后，与未包装的香蕉相比，其外观质量明显下降。分析结果显示，褐变反应和微生物感染是导致香蕉皮上出现黑点的重要原因。与未包装的香蕉相比，含有精油的薄膜能够有效维持香蕉外观并减缓老化斑点的形成。

失重率是评估水果采收后品质的重要指标之一。在储存期间，无包装香蕉的失重率（13.55%）与硬度降幅［(8.5±0.84)N］均显著高于包装组，表明包装处理能有效延缓香蕉的品质劣变。这表明良好的热封性胶原薄膜可以用于新鲜水果的小袋包装，延缓其软化过程[188]。

此外，人们发现添加薰衣草精油的薄膜能有效防止水分流失或挥发性营养成分（如香气）的损失。在储藏过程中，新鲜果实重量损失及可滴定酸含量均随时间延长而降低[207]。与未处理组相比，经淀粉-壳聚糖-柠檬茶精油复合涂层处理的辣椒，其失重率显著降低。同时，各种覆膜处理均抑制了辣椒在 4 天内的微生物生长情况，其中精油组细菌增殖显著低于未涂覆组[199]。

在鲜切生菜保鲜研究中，有学者发现壳聚糖薄膜与马郁兰精油结合使用，可以保证生菜的视觉质量及其诱人的香气[238]。此外，经该薄膜处理后的生菜中酚类、抗坏血酸和类胡萝卜素等营养成分得以增强，从而提升了生菜的抗氧化能力，提高了其营养价值。

针对杧果保鲜实验，通过高良姜和佛手柑两种精油处理所制备的薄膜能够有效延缓杧果硬度变化，同时延长果皮储存时间，并保持杧果色泽、总酸度、维生素 C 含量以及抑制微生物滋生[186,239]。研究表明，百里香精油能有效延长桃子的贮藏期并维持其品质，这主要归功于其释放的活性成分百里香酚所具有的卓越抗菌性能，可有效延长桃子的储藏期并维持其品质[240]。

在草莓保鲜实验中，将肉桂与姜黄精油添加入薄膜材料的测试结果表明：该活性薄膜不仅能促进草莓积累更多酚类化合物，还能有效维持其减重率、花青素含量、总可溶性固形物、硬度及颜色等关键品质参数的稳定[241,242]。同样，对于番茄这一常见蔬菜，有研究人员用芦丁、牛至及胡椒三种植物的提取物作为添加剂制备活性薄膜材料，并通过多次实验验证该薄膜能改善番茄的润湿特性，提高其硬度，同时成功抑制细菌、酵母菌与霉菌在番茄表面的滋生，使之在室温条件下可保存达 14 天[194,243,244]。

当使用单一淀粉基质包裹菠菜时，同样观察到细菌、酵母及霉菌数量的减少。这主要归因于淀粉基薄膜优异的阻氧性能，从而有效抑制了样品中好氧微生物的增殖。当添加 2%的百里香精油时，其对微生物已表现出显著的抑制作用。随着精油浓度提升至 4%和 6%，抑菌效果进一步增强，样品中已无任何细菌或酵母检出，仅残留少量霉菌。此外，被保护样本展现出更佳的气味、颜色与外观，相较于未经包裹的样本，更具吸引力，这可能源自百里香精油所带来的芳香效果[245]。

二、肉类产品包装

鸡肉是人类最常食用的肉类之一。当花楸籽精油或迷迭香精油添加至壳聚糖薄膜中时，可以显著降低厌氧条件下肉类的氧化程度。此外，使用活性包装膜的样品在 14 天的贮藏期内效果显著：丙二醛含量与颜色均保持稳定，同时成功抑制了己醛和乙醇的生成，其浓度分别降低了 72%和 90%[246,247]。研究发现，在凝胶膜中添加百里香精油后，能够将冷鲜猪肉的保存期延长 10 天[201]。当使用含大蒜精油的壳聚糖包裹香肠时，其感官特性得以有效保持[248]。在对不同种类牛肉的储藏研究中，研究人员首先从薄荷、肉桂及杏仁中提取了其挥发性精油，然后将其添加至由聚乳酸与壳聚糖组成的保鲜膜中。实验结果表明，这些复合材料能有效保持牛肉的色彩与感官品质[250-252]。此外，含有姜黄精油与壳聚糖的新型复合薄膜可维持极易腐烂鱼酱的新鲜度。这表明，该复合薄膜具备良好的抗氧化性能，可有效抑菌。

三、乳制品、坚果和烘焙产品包装

含有挥发性成分 EOs 的生物聚合物包装薄膜已被广泛应用于乳制品的储存。例如，当黄油采用含茴香果胶基保鲜膜进行包装时，展现出了显著的氧化稳定性、极低的微生物负荷以及储存期间几乎可以忽略不计的颜色变化[253]。在针对不同类型奶酪开展的一项研究中，研究人员选择玉米蛋白、壳聚糖及醋酸纤维素作为底材，通过添加丁香获得了多种具有不同生物活性的薄膜材料，包括牛至精油、大蒜精油及胡椒精油。感官评价结果表明，用 7.5%(质量分数) EOs 处理的奶酪，其整体可接受性评分最高；同时，该组样品的微生物数量在储存过程中也显著减少[189,254,255]。

将面包整齐地包装于一个含杏仁精油的壳聚糖薄膜袋内，经 10 天观察发现，与普通包装相比，该方法能够抑制真菌在面包中的生长速度[256]。而使用大蒜精油对烤花生进行封装后，在高温（45℃）条件下，保质期表现出与 PET 包装相似的数据[257]。

第五节　食品包装的新发展

一、智能食品包装

有了各种测试设备，研究人员能够通过检测食品在加工、运输和储存过程中的微生物及化学成分变化来确定其质量。然而，由于消费者无法获取所需的检测设备，他们难以判断所购食品的质量。因此，智能包装材料应运而生，使消费者能够识别市场食品质量的变化。包装产品的降解是一个复杂过程，会受到食物特性影响，包括 pH、氧化还原电位、水活度、呼吸速率、抗菌化合物、微生物和环境因素（如相对湿度、储存温度和顶部空间气体组成）等[260-268]。

作为一种进步的技术，智能包装使得在市场阶段维持食品质量成为可能。然而，目前关于含挥发性精油（EOs）的智能包装材料的研究仍然较少。采用3D打印技术制作的含柠檬草EOs指示膜展现出显著的抗氧化和抗菌性能。当冷冻猪肉温度升高时，其pH值随之上升，这导致智能指示膜的颜色由红色转变为灰蓝色。该颜色变化表明猪肉已发生变质。因此，这些膜在智能包装系统中作为监测肉类新鲜度的简便材料显示出良好的应用潜力[249]。

受到花青素颜色随不同pH变化启发（当pH 2～6时从红色到紫色），Chen及其同事[269]成功设计了一种新型比色pH指示剂（维素纳米纤维包装薄膜），该薄膜由花青素与牛至叶精油组成。这些薄膜对包装食品的pH变化表现出高度敏感性，并且能有效抑制大肠杆菌和单核细胞增生李斯特菌（抑制率达到99.99%），同时具备优异的紫外线及可见光屏障性能，其σ和ε值分别为9.28MPa和9.87%。对该薄膜相容性的研究表明，掺入花青素与牛至EOs降低了薄膜的结晶度指数。在花青素作用下，该薄膜可有效反映储存过程中食品的质量变化，同时其较高的抗菌活性可有效延长食品保质期[269]。

双功能智能食品保鲜用包装薄膜在行业内引起广泛关注。Wang等[270]开发了一种具有良好抗菌及抗氧化性能且灵敏度高的新型明胶基智能包装薄膜，可快速检测pH/NH_3变化。此外，该明胶基薄膜易于生产加工，可用于制造食品包装袋及标签，机械性能优越，并具备适当的遮光性能与疏水性。作为低环保成本且响应迅速的静态细菌pH/NH_3智能食品包装材料，含有明胶、茜素以及薰衣草EOs的包装材料，已成功应用于实时监测虾的新鲜度。

二、食品包装制造算法

基于人工智能的研究表明，将精油（EOs）加入薄膜中会影响薄膜的物理和化学性质。然而，大多数研究仅报告了基于薄膜性质的肤浅分析，并未提供精确结果，这限制了这些薄膜在实际中的应用。研究人员发现[203,271]，通过k近邻（KNN）算法可以克服这一问题，该方法利用欧几里得距离和人工智能将相似项目进行分组。

使用 KNN 方法涉及数学数据分析，从而优化包装材料的性能，使其能够被定义并选择最佳的包装材料。这一过程优化了确定所需最佳可生物降解薄膜的步骤，从而降低总成本。e Silva 等[203]采用 KNN 方法对由棕榈、丁香和牛至组成的鱼胶薄膜进行了分类，以确定最佳可生物降解的包装胶片。所有精油（EOs）改性薄膜均表现出良好的特性。其中，含有丁香 EOs 的薄膜的抗拉强度 σ 为 53.18MPa，含有棕榈 EOs 的薄膜增加了弹性和厚度。此外，含有牛至及棕榈 EOs 的薄膜展现出较好的抗氧化和抗菌性能，对金黄色葡萄球菌的抑菌圈直径分别达到 11.73mm 和 11.23mm。

实验结果显示，含丁香精油的薄膜具有最高的抗氧化活性，其值为 480.79μmol TE/g，同时 σ 为 93.02MPa，ε 为 127.86%。

三、安全问题

传统塑料包装在自然环境中处置会导致环境污染，降解为微小颗粒，进而进入食物链，对生物体健康产生影响。尽管每种原材料在合成前都需进行单独测试，但在工艺过程中，各种原材料的相互作用可能会影响最终产品的生物相容性。作为与食品直接接触的包装材料，其内部的添加剂有可能随温度和时间变化而渗透到食品中。

1995 年，美国 FDA 建立了针对食品接触物质的上市前通报监管体系。该制度规定，若某种物质向食品中的迁移量极低且可证明其使用安全，则可豁免全面审查。因此，有必要探讨阈值法和迁移模型，以解决与食品添加剂相关的问题。实验结果表明，不同类型的建模方法可成为传统迁移测试的合理替代方案。实验表明，多种建模方法可作为传统迁移测试的有效替代。为此，在将这些模型应用于由多种材料构成的主动与智能包装系统时，必须确保其预测结果符合德国、法国、荷兰等国的相关法律规定[272]。在相互承认原则下，其他国家应接受这些国家生产的食品接触材料[273]。如果没有具体规定，则应考虑将可食用薄膜视为“公认安全”（GRAS）材料，因为它们是可直接接触食品的新型安全选项[274]。在可用防腐方案非常有限的情况下，可食用薄膜成为一种优良选择，能有效维持产品在储存与运输过程中的质量与安全。研究结果表明，该可食用薄膜能够通过交联获得理想的力学性能。遗憾的是，目前大多数可用的交联剂（如甲醛和戊二醛），要么具有毒性，要么价格昂贵要么效率低下。因此，需要开发低成本且适用于食品的绿色环保交联剂。

黄曲霉毒素污染是中国传统保健食品储存质量的关键影响因素之一。Li等[275]研究了含姜黄精油的壳聚糖薄膜安全性，通过将其作为内层胶囊用于保存木瓜籽、肉豆蔻和枣仁。结果显示，高温对薄膜稳定性影响最大，这些包装能显著减少黄曲霉毒素的积累。最重要的毒性实验通过多种动物（小鼠、大鼠和兔子）加以验证。储存的木瓜籽接受了急性毒性和90天慢性毒性测试。急性毒性试验（14天）中未观察到动物死亡现象。唯一差异是空白组与实验组在第二天的体重略有不同，推测可能与大量灌胃导致肠道吸收功能短期不适有关。尸检显示，实验结束后脑、心、肝、脾、胃肠道、肾及胸腺等器官大小均在正常范围内。实验证明，口服给药的测试组样品纯提取物在急性毒性测试中安全。为进一步评估薄膜的安全性，研究人员对大鼠进行了90天慢性毒性实验。通过对实验期间不同时间点的动态监测，研究人员发现，4组雄性与雌性大鼠的体重变化无显著差异；对其主要脏器（心、肝、脾、肺、肾、脑、卵巢及睾丸）进行解剖后，计算的脏器系数［脏器重量（mg）/体重（g）］差异亦无统计学意义。此外，组织病理学研究未发现各实验组所有器官有明显的变化，这为薄膜的安全性提供了支持证据。

第六节 结论与未来展望

化石燃料和石油衍生物的使用日益增加，导致包装材料的环保性显著下降，同时也对人体健康产生了不利影响。尽管可再生生物基食品包装材料在减少对石油的依赖方面表现良好，但其商业化应用仍面临一些挑战。由于生物基包装材料的不稳定性，研究人员已探索不同精油（EOs）在各种生物膜中的应用，并取得了良好的效果。显然，EOs被证实具有卓越的传递能力，这些薄膜同时具备抗氧化和抗菌性能，从而能够保持食品的风味。因此，将 EOs 与生物聚合物整合到功能性薄膜中，引起了人们对食品包装的更多关注。这些包装薄膜利用 EOs 独特的抗氧化和抗菌性能，有效延长了食品的货架寿命。

本章综述了多种有利于食品包装薄膜材料的生物聚合物，包括多糖、脂质和蛋白质，特别讨论了加载 EOs 的薄膜，并重点分析了这类薄膜作为食品包装所需解决的问题，以促进其实际应用。虽然生态系统负载下的生物高分子材料在食品包装中发挥着重要作用，但仍需进一步研究以完善这些材料的特性。这些材料的发展空间广阔，其性能可以通过添加其他生物成分进行调节，而这已成为近年来食品包装研究的重要热点之一。

纳米技术有助于克服传统生物聚合物流变性的缺点，通过发展纳米复合功能性薄膜，可以为解决饮食、生活方式及环境问题提供支持。此外，智能包装能够为消费者提供更优质的新鲜食品。在实现各类指标（如时间-温度指示、新鲜度指示、气体浓度指示等）的过程中，消费者将能获得更新鲜且质量更佳的产品。同时，条形码、射频识别标签、热致变色油墨及全息图等技术，为工业界、零售商与消费者提供了防范产品假冒的有效手段。

在智能包装技术方面，新型传感器可以无需打开包材即时反映影响食品质量的环境变化，从而提升安全性。然而，未来亟需研发兼具抗菌、可降解与智能指示功能的新型包装材料，这是构建可持续闭环塑料经济的关键，因此必须考虑到生物塑料回收利用的重要性。

随着科技进步，智能化包装材料展现出广阔的发展前景。研究人员应当探索更先进的方法，以进一步提升消费者体验。未来有望开发出的包材能够根据外部温度、水分及 pH 等因素调整其性能，从而便于食材的储存。同时，这些新型包装材料还能通过智能指示器（如颜色变化）为消费者提供明确的视觉指引，从而简化烹饪流程，降低操作难度。当前，智能包装尚处于初级阶段，功能较为单一；未来将演进为高度集成的系统，在同一包装上实现多种指示功能。因此，要成功开发出智能食品包装，需要电子学、机械工程以及食品工程领域的一系列前沿技术相互融合。

只有确保智能封装材料在质量与安全上的可靠性，才能有效提高易腐败食材的处理效率。同样，在考虑到新鲜农产品成本几乎翻倍的大背景下，应加大力度使采用智能封装后的商品价格合理。此外，各国政府正着手构建相应的监管框架，其核心不仅在于激励新工具的研发，更在于保障整个系统能够安全、成功地落地应用。当前面临的诸多挑战亟待解决，以推动该技术的进一步推广。

参考文献

[1] Otoni C G，Avena-Bustillos R J，Azeredo H M，et al. Recent advances on edible films based on fruits and vegetables—a review. Comprehensive Reviews in Food Science and Food Safety，2017，16：1151-1169.

[2] Wang W，Zhang H，Jia R，et al. High performance extrusion blown starch/polyvinyl alcohol/clay nanocomposite films. Food Hydrocolloids，2018，79：534-543.

[3] Sigler M. The Effects of Plastic Pollution on Aquatic Wildlife：Current Situations and Future Solutions. Water，Air，& Soil Pollution，2014，225：2184.

[4] Bucci K，Tulio M，Rochman C M. What is known and unknown about the effects of plastic pollution：A meta-analysis and systematic review. Ecological Applications，2020，30：e02044.

[5] Chae Y，An Y-J. Current research trends on plastic pollution and ecological impacts on the soil ecosystem：A review. Environmental Pollution，2018，240：387-395.

[6] Liu J，Liu S，Wu Q，et al. Effect of protocatechuic acid incorporation on the physical，mechanical，structural and antioxidant properties of chitosan film. Food Hydrocolloids，2017，73：90-100.

[7] Oluwasina O O，Olaleye F K，Olusegun S J，et al. Influence of oxidized starch on physicomechanical，thermal properties，and atomic force micrographs of cassava starch bioplastic film. International Journal of Biological Macromolecules，2019，135：282-93.

[8] Roy S，Rhim J-W，Jaiswal L. Bioactive agar-based functional composite film incorporated with copper sulfide nanoparticles. Food Hydrocolloids，2019，93：156-166.

[9] Tong R，Chen G，Tian J，et al. Highly transparent，weakly hydrophilic and biodegradable cellulose film for flexible electroluminescent devices. Carbohydrate Polymers，2020，227：115366.

[10] Kainulainen T P，Hukka T I，Özeren H D，et al. Utilizing Furfural-Based Bifuran Diester as Monomer and Comonomer for High-Performance Bioplastics：Properties of Poly（butylene furanoate），Poly（butylene bifuranoate），and Their Copolyesters. Biomacromolecules，2020，21：743-752.

[11] Martiny T R, Raghavan V, Moraes C C, et al. Bio-Based Active Packaging: Carrageenan Film with Olive Leaf Extract for Lamb Meat Preservation. Foods, 2020, 9.

[12] Yadav S, Mehrotra G K, Bhartiya P, et al. Preparation, physicochemical and biological evaluation of quercetin based chitosan-gelatin film for food packaging. Carbohydrate Polymers, 2020, 227: 115348.

[13] Mahcene Z, Khelil A, Hasni S, et al. Development and characterization of sodium alginate based active edible films incorporated with essential oils of some medicinal plants. International Journal of Biological Macromolecules, 2020, 145: 124-132.

[14] Bhuimbar M V, Bhagwat P K, Dandge P B. Extraction and characterization of acid soluble collagen from fish waste: Development of collagen-chitosan blend as food packaging film. Journal of Environmental Chemical Engineering, 2019, 7: 102983.

[15] Chavoshizadeh S, Pirsa S, Mohtarami F. Conducting/smart color film based on wheat gluten/chlorophyll/polypyrrole nanocomposite. Food Packaging and Shelf Life, 2020, 24: 100501.

[16] Castro F V R, Andrade M A, Sanches Silva A, et al. The Contribution of a Whey Protein Film Incorporated with Green Tea Extract to Minimize the Lipid Oxidation of Salmon (Salmo salar L.). Foods, 2019, 8.

[17] 李晨. 基于糖基化反应的花生蛋白成膜性及其风味缓释效应的研究 [博士]. 江南大学, 2015.

[18] Sassa T, Tadaki M, Kiyonari H, et al. Very long-chain tear film lipids produced by fatty acid elongase ELOVL1 prevent dry eye disease in mice. The FASEB Journal, 2018, 32: 2966-78.

[19] Balasubramaniam S L, Patel A S, Nayak B. Surface modification of cellulose nanofiber film with fatty acids for developing renewable hydrophobic food packaging. Food Packaging and Shelf Life, 2020, 26: 100587.

[20] Kanwar S, Ali U, Mazumder K. Effect of cellulose and starch fatty acid esters addition on microstructure and physical properties of arabinoxylan films. Carbohydrate Polymers, 2021, 270: 118317.

[21] Chiumarelli M, Hubinger M D. Evaluation of edible films and coatings formulated with cassava starch, glycerol, carnauba wax and stearic acid. Food Hydrocolloids, 2014, 38: 20-7.

[22] Chitravathi K, Chauhan O P, Raju P S. Postharvest shelf-life extension of green chillies (Capsicum annuum L.) using shellac-based edible surface coatings. Postharvest Biology and Technology, 2014, 92: 146-148.

[23] Andreuccetti C, Carvalho R A, Galicia-García T, et al. Effect of surfactants on the functional

properties of gelatin-based edible films. Journal of Food Engineering，2011，103：129-136.

[24] Ribeiro-Santos R，Andrade M，de Melo N R，et al. Use of essential oils in active food packaging：Recent advances and future trends. Trends in food science & technology，2017，61：132-40.

[25] Cazón P，Velazquez G，Ramírez J A，et al. Polysaccharide-based films and coatings for food packaging：A review. Food Hydrocolloids，2017，68：136-148.

[26] Dhall R K. Advances in Edible Coatings for Fresh Fruits and Vegetables：A Review. Critical Reviews in Food Science and Nutrition，2013，53：435-450.

[27] Sun G，Chi W，Zhang C，et al. Developing a green film with pH-sensitivity and antioxidant activity based on κ-carrageenan and hydroxypropyl methylcellulose incorporating Prunus maackii juice. Food Hydrocolloids，2019，94：345-353.

[28] Sun G，Chi W，Xu S，et al. Developing a simultaneously antioxidant and pH-responsive κ-carrageenan/hydroxypropyl methylcellulose film blended with Prunus maackii extract. International Journal of Biological Macromolecules，2020，155：1393-1400.

[29] Rozenberga L，Skute M，Belkova L，et al. Characterisation of films and nanopaper obtained from cellulose synthesised by acetic acid bacteria. Carbohydrate Polymers，2016，144：33-40.

[30] Zimet P，Mombrú Á W，Mombrú D，et al. Physico-chemical and antilisterial properties of nisin-incorporated chitosan/carboxymethyl chitosan films. Carbohydrate Polymers，2019，219：334-43.

[31] van den Broek L A M，Knoop R J I，Kappen F H J，et al. Chitosan films and blends for packaging material. Carbohydrate Polymers，2015，116：237-242.

[32] Liu Y，Yuan Y，Duan S，et al. Preparation and characterization of chitosan films with three kinds of molecular weight for food packaging. International Journal of Biological Macromolecules，2020；155：249-59.

[33] Agarwal C，Kóczán Z，Börcsök Z，et al. Valorization of Larix decidua mill bark by functionalizing bioextract onto chitosan films for sustainable active food packaging. Carbohydrate Polymers，2021，271：118409.

[34] Wang P，Fei P，Zhou C，et al. Stearic acid esterified pectin：Preparation，characterization，and application in edible hydrophobic pectin/chitosan composite films. International Journal of Biological Macromolecules，2021，186：528-534.

[35] Zannini D，Dal Poggetto G，Malinconico M，et al. Citrus Pomace Biomass as a Source of Pectin and Lignocellulose Fibers：From Waste to Upgraded Biocomposites for Mulching Applica-

tions. Polymers, 2021, 13: 1280.

[36] Shafie M H, Yusof R, Samsudin D, et al. Averrhoa bilimbi pectin-based edible films: Effects of the linearity and branching of the pectin on the physicochemical, mechanical, and barrier properties of the films. International Journal of Biological Macromolecules, 2020, 163: 1276-1282.

[37] Rincón E, Espinosa E, García-Domínguez M T, et al. Bioactive pectic polysaccharides from bay tree pruning waste: Sequential subcritical water extraction and application in active food packaging. Carbohydrate Polymers, 2021, 272: 118477.

[38] Benavides S, Villalobos-Carvajal R, Reyes J E. Physical, mechanical and antibacterial properties of alginate film: Effect of the crosslinking degree and oregano essential oil concentration. Journal of Food Engineering, 2012, 110: 232-239.

[39] Wang D, Lv R, Ma X, et al. Lysozyme immobilization on the calcium alginate film under sonication: Development of an antimicrobial film. Food Hydrocolloids, 2018, 83: 1-8.

[40] Ghosal K, Das A, Das S K, et al. Synthesis and characterization of interpenetrating polymeric networks based bio-composite alginate film: A well-designed drug delivery platform. International Journal of Biological Macromolecules, 2019, 130: 645-654.

[41] Gholizadeh B S, Buazar F, Hosseini S M, et al. Enhanced antibacterial activity, mechanical and physical properties of alginate/hydroxyapatite bionanocomposite film. International Journal of Biological Macromolecules, 2018, 116: 786-92.

[42] Nordin N, Othman S H, Rashid S A, et al. Effects of glycerol and thymol on physical, mechanical, and thermal properties of corn starch films. Food Hydrocolloids, 2020, 106: 105884.

[43] Arezoo E, Mohammadreza E, Maryam M, et al. The synergistic effects of cinnamon essential oil and nano TiO_2 on antimicrobial and functional properties of sago starch films. International Journal of Biological Macromolecules, 2020, 157: 743-751.

[44] Luchese C L, Garrido T, Spada J C, et al. Development and characterization of cassava starch films incorporated with blueberry pomace. International Journal of Biological Macromolecules, 2018, 106: 834-839.

[45] Peighambardoust S J, Peighambardoust S H, Pournasir N, et al. Properties of active starch-based films incorporating a combination of Ag, ZnO and CuO nanoparticles for potential use in food packaging applications. Food Packaging and Shelf Life, 2019, 22: 100420.

[46] Realini C E, Marcos B. Active and intelligent packaging systems for a modern society. Meat Sci-

ence，2014，98：404-419.

[47] 曹乐乐．具有可视 pH 感应功能决明子胶基膜的制备与性能研究［博士］．东北林业大学，2020.

[48] Molavi H，Behfar S，Ali Shariati M，et al. A review on biodegradable starch based film. Journal of Microbiology，Biotechnology and Food Sciences，2015，4：456-461.

[49] Thakur R，Pristijono P，Scarlett C J，et al. Starch-based films：Major factors affecting their properties. International Journal of Biological Macromolecules，2019，132：1079-1089.

[50] Ortega-Toro R，Jiménez A，Talens P，et al. Effect of the incorporation of surfactants on the physical properties of corn starch films. Food Hydrocolloids，2014，38：66-75.

[51] do Evangelho J A，da Silva Dannenberg G，Biduski B，et al. Antibacterial activity，optical，mechanical，and barrier properties of corn starch films containing orange essential oil. Carbohydrate Polymers，2019，222：114981.

[52] Mathew S，Jayakumar A，Kumar V P，et al. One-step synthesis of eco-friendly boiled rice starch blended polyvinyl alcohol bionanocomposite films decorated with in situ generated silver nanoparticles for food packaging purpose. International Journal of Biological Macromolecules，2019，139：475-485.

[53] Chan S Y，Goh C F，Lau J Y，et al. Rice starch thin films as a potential buccal delivery system：Effect of plasticiser and drug loading on drug release profile. International Journal of Pharmaceutics，2019，562：203-211.

[54] Saberi B，Vuong Q V，Chockchaisawasdee S，et al. Physical，Barrier，and Antioxidant Properties of Pea Starch-Guar Gum Biocomposite Edible Films by Incorporation of Natural Plant Extracts. Food and Bioprocess Technology，2017，10：2240-2250.

[55] Zhou X，Cheng R，Wang B，et al. Biodegradable sandwich-architectured films derived from pea starch and polylactic acid with enhanced shelf-life for fruit preservation. Carbohydrate Polymers. 2021，251：117117.

[56] Ju A，Baek S-K，Kim S，et al. Development of an antioxidative packaging film based on khorasan wheat starch containing moringa leaf extract. Food Science and Biotechnology，2019，28：1057-1063.

[57] Yousefi A R，Savadkoohi B，Zahedi Y，et al. Fabrication and characterization of hybrid sodium montmorillonite/TiO_2 reinforced cross-linked wheat starch-based nanocomposites. International Journal of Biological Macromolecules，2019，131：253-263.

[58] Nogueira G F，Soares C T，Cavasini R，et al. Bioactive films of arrowroot starch and blackber-

ry pulp: Physical, mechanical and barrier properties and stability to pH and sterilization. Food Chemistry, 2019, 275: 417-425.

[59] Matta Fakhouri F, Nogueira G F, de Oliveira R A, et al. Bioactive edible films based on arrowroot starch incorporated with cranberry powder: Microstructure, thermal properties, ascorbic acid content and sensory analysis. Polymers, 2019, 11: 1650.

[60] Farajpour R, Emam Djomeh Z, Moeini S, et al. Structural and physico-mechanical properties of potato starch-olive oil edible films reinforced with zein nanoparticles. International Journal of Biological Macromolecules, 2020, 149: 941-950.

[61] Davoodi M, Kavoosi G, Shakeri R. Preparation and characterization of potato starch-thymol dispersion and film as potential antioxidant and antibacterial materials. International Journal of Biological Macromolecules, 2017, 104: 173-179.

[62] Qin Y, Liu Y, Yong H, et al. Preparation and characterization of active and intelligent packaging films based on cassava starch and anthocyanins from Lycium ruthenicum Murr. International Journal of Biological Macromolecules, 2019, 134: 80-90.

[63] Orozco-Parra J, Mejía C M, Villa C C. Development of a bioactive synbiotic edible film based on cassava starch, inulin, and Lactobacillus casei. Food Hydrocolloids, 2020, 104: 105754.

[64] Oladzadabbasabadi N, Ebadi S, Mohammadi Nafchi A, et al. Functional properties of dually modified sago starch/κ-carrageenan films: An alternative to gelatin in pharmaceutical capsules. Carbohydrate Polymers, 2017, 160: 43-51.

[65] Xue Mei L, Mohammadi Nafchi A, Ghasemipour F, et al. Characterization of pH sensitive sago starch films enriched with anthocyanin-rich torch ginger extract. International Journal of Biological Macromolecules, 2020, 164: 4603-4612.

[66] 李倩. 怀山药糖类物质和有效成分的分离纯化、结构鉴定及活性评价 [博士]: 华南理工大学, 2016.

[67] Nagar M, Sharanagat V S, Kumar Y, et al. Influence of xanthan and agar-agar on thermo-functional, morphological, pasting and rheological properties of elephant foot yam (Amorphophallus paeoniifolius) starch. International Journal of Biological Macromolecules, 2019, 136: 831-838.

[68] Sukhija S, Singh S, Riar C S. Physical, Mechanical, Morphological, and Barrier Properties of Elephant Foot Yam Starch, Whey Protein Concentrate and psyllium Husk Based Composite Biodegradable Films. Polymer Composites, 2018, 39: E407-E415.

[69] Gómez-Contreras P, Contreras-Camacho M, Avalos-Belmontes F, et al. Physicochemical Properties

of Composite Materials Based on Thermoplastic Yam Starch and Polylactic Acid Improved with the Addition of Epoxidized Sesame Oil. Journal of Polymers and the Environment，2021.

[70] Souza A C，Goto G E O，Mainardi J A，et al. Cassava starch composite films incorporated with cinnamon essential oil：Antimicrobial activity，microstructure，mechanical and barrier properties. LWT-Food Science and Technology，2013，54：346-352.

[71] Wang B，Sui J，Yu B，et al. Physicochemical properties and antibacterial activity of corn starch-based films incorporated with Zanthoxylum bungeanum essential oil. Carbohydrate Polymers，2021，254：117314.

[72] Ke J，Xiao L，Yu G，et al. The study of diffusion kinetics of cinnamaldehyde from corn starch-based film into food simulant and physical properties of antibacterial polymer film. International Journal of Biological Macromolecules，2019，125：642-650.

[73] Wang B，Yan S，Gao W，et al. Antibacterial activity，optical，and functional properties of corn starch-based films impregnated with bamboo leaf volatile oil. Food Chemistry，2021，357：129743.

[74] Chouhan S，Sharma K，Guleria S. Antimicrobial Activity of Some Essential Oils—Present Status and Future Perspectives. Medicines. 2017，4.

[75] Burt S. Essential oils：their antibacterial properties and potential applications in foods—a review. International Journal of Food Microbiology，2004，94，223-253.

[76] Martucci J F，Gende L B，Neira L M，et al. Oregano and lavender essential oils as antioxidant and antimicrobial additives of biogenic gelatin films. Industrial Crops and Products，2015，71：205-213.

[77] Aumeeruddy-Elalfi Z，Gurib-Fakim A，Mahomoodally F. Antimicrobial，antibiotic potentiating activity and phytochemical profile of essential oils from exotic and endemic medicinal plants of Mauritius. Industrial Crops and Products，2015，71：197-204.

[78] Bajer T，Šilha D，Ventura K，et al. Composition and antimicrobial activity of the essential oil，distilled aromatic water and herbal infusion from Epilobium parviflorum Schreb. Industrial Crops and Products，2017，100：95-105.

[79] Hyldgaard M，Mygind T，Meyer R. Essential Oils in Food Preservation：Mode of Action，Synergies，and Interactions with Food Matrix Components. Frontiers in Microbiology，2012，3.

[80] Bakkali F，Averbeck S，Averbeck D，et al. Biological effects of essential oils—A review. Food and Chemical Toxicology，2008，46：446-475.

[81] Syafiq R，Sapuan S M，Zuhri M Y M，et al. Antimicrobial Activities of Starch-Based Biopolymers and Biocomposites Incorporated with Plant Essential Oils：A Review. Polymers，2020，12.

[82] Song X，Zuo G，Chen F. Effect of essential oil and surfactant on the physical and antimicrobial properties of corn and wheat starch films. International Journal of Biological Macromolecules，2018，107：1302-1309.

[83] Iamareerat B，Singh M，Sadiq M B，et al. Reinforced cassava starch based edible film incorporated with essential oil and sodium bentonite nanoclay as food packaging material. Journal of Food Science and Technology，2018，55：1953-1959.

[84] Jamróz E，Juszczak L，Kucharek M. Investigation of the physical properties，antioxidant and antimicrobial activity of ternary potato starch-furcellaran-gelatin films incorporated with lavender essential oil. International Journal of Biological Macromolecules，2018，114：1094-1101.

[85] Cano A，Cháfer M，Chiralt A，et al. Physical and Antimicrobial Properties of Starch-PVA Blend Films as Affected by the Incorporation of Natural Antimicrobial Agents. Foods，2016，5.

[86] Resianingrum R，Atmaka W，Khasanah L U，et al. Characterization of cassava starch-based edible film enriched with lemongrass oil（Cymbopogon citratus）. Nusantara Bioscience，2016，8：278-282.

[87] Silveira M P，Silva H C，Pimentel I C，et al. Development of active cassava starch cellulose nanofiber-based films incorporated with natural antimicrobial tea tree essential oil. Journal of Applied Polymer Science，2020，137：48726.

[88] Utami R，Khasanah L U，Manuhara G J，et al. Effects of Cinnamon Bark Essential Oil（Cinnamomum burmannii）on Characteristics of Edible Film and Quality of Fresh Beef. Pertanika Journal of Tropical Agricultural Science，2019，42.

[89] Aitboulahsen M，El Galiou O，Laglaoui A，et al. Effect of plasticizer type and essential oils on mechanical，physicochemical，and antimicrobial characteristics of gelatin，starch，and pectin-based films. Journal of Food Processing and Preservation，2020，44：e14480.

[90] Sapper M，Wilcaso P，Santamarina M P，et al. Antifungal and functional properties of starch-gellan films containing thyme（Thymus zygis）essential oil. Food Control，2018，92：505-515.

[91] Amiri E，Aminzare M，Azar H H，et al. Combined antioxidant and sensory effects of corn starch films with nanoemulsion of Zataria multiflora essential oil fortified with cinnamaldehyde

on fresh ground beef patties. Meat Science，2019，153：66-74.

[92] Zheng K，Li W，Fu B，et al. Physical，antibacterial and antioxidant properties of chitosan films containing hardleaf oatchestnut starch and Litsea cubeba oil. International Journal of Biological Macromolecules，2018，118：707-715.

[93] Li J，Ye F，Lei L，et al. Combined effects of octenylsuccination and oregano essential oil on sweet potato starch films with an emphasis on water resistance. International Journal of Biological Macromolecules，2018，115：547-553.

[94] Guan Y，Wu J，Zhong Q. Eugenol improves physical and chemical stabilities of nanoemulsions loaded with β-carotene. Food Chemistry，2016，194：787-796.

[95] Dai Y，McLandsborough LA，Weiss J，et al. Concentration and Application Order Effects of Sodium Benzoate and Eugenol Mixtures on the Growth Inhibition of Saccharomyces Cerevisiae and Zygosaccharomyces Bailii. Journal of Food Science，2010，75：M482-488.

[96] Bonilla J，Poloni T，Lourenço R V，et al. Antioxidant potential of eugenol and ginger essential oils with gelatin/chitosan films. Food Bioscience，2018，23：107-114.

[97] Li L，Xia N，Zhang H，et al. Structure and properties of edible packaging film prepared by soy protein isolate-eggshell membrane conjugates loaded with Eugenol. International Journal of Food Engineering，2020，16.

[98] Requena R，Vargas M，Chiralt A. Eugenol and carvacrol migration from PHBV films and antibacterial action in different food matrices. Food Chemistry，2019，277：38-45.

[99] Melendez-Rodriguez B，Figueroa-Lopez K J，Bernardos A，et al. Electrospun antimicrobial films of poly (3-hydroxybutyrate-co-3-hydroxyvalerate) containing eugenol essential oil encapsulated in mesoporous silica nanoparticles. Nanomaterials，2019，9，227.

[100] Zheng K，Xiao S，Li W，et al. Chitosan-acorn starch-eugenol edible film：Physico-chemical，barrier，antimicrobial，antioxidant and structural properties. International Journal of Biological Macromolecules，2019，135：344-352.

[101] Kong R，Wang J，Cheng M，et al. Development and characterization of corn starch/PVA active films incorporated with carvacrol nanoemulsions. International Journal of Biological Macromolecules，2020，164：1631-1639.

[102] de Souza A G，dos Santos N M A，da Silva Torin R F，et al. Synergic antimicrobial properties of Carvacrol essential oil and montmorillonite in biodegradable starch films. International Journal of Biological Macromolecules，2020，164：1737-1747.

[103] Klinmalai P，Srisa A，Laorenza Y，et al. Antifungal and plasticization effects of carvacrol in

biodegradable poly (lactic acid) and poly (butylene adipate terephthalate) blend films for bakery packaging. LWT, 2021, 152: 112356.

[104] Laorenza Y, Harnkarnsujarit N. Carvacrol, citral and α-terpineol essential oil incorporated biodegradable films for functional active packaging of Pacific white shrimp. Food Chemistry, 2021, 363: 130252.

[105] Staroszczyk H, Ciesielski W, Tomasik P. Starch-metal complexes and metal compounds. Journal of the Science of Food and Agriculture, 2018, 98: 2845-2856.

[106] Usman A, Hussain Z, Riaz A, et al. Enhanced mechanical, thermal and antimicrobial properties of poly (vinyl alcohol) /graphene oxide/starch/silver nanocomposites films. Carbohydrate Polymers, 2016, 153: 592-599.

[107] Suresh D, Nethravathi P C, Udayabhanu, et al. Green synthesis of multifunctional zinc oxide (ZnO) nanoparticles using Cassia fistula plant extract and their photodegradative, antioxidant and antibacterial activities. Materials Science in Semiconductor Processing, 2015, 31: 446-454.

[108] Wang Z L. Zinc oxide nanostructures: growth, properties and applications. Journal of physics: condensed matter, 2004, 16: R829.

[109] Stoimenov P K, Klinger R L, Marchin G L, et al. Metal oxide nanoparticles as bactericidal agents. Langmuir, 2002, 18: 6679-6686.

[110] Kołodziejczak-Radzimska A, Jesionowski T. Zinc Oxide—From Synthesis to Application: A Review. Materials, 2014, 7.

[111] Nafchi A M, Nassiri R, Sheibani S, et al. Preparation and characterization of bionanocomposite films filled with nanorod-rich zinc oxide. Carbohydrate Polymers, 2013, 96: 233-239.

[112] Espitia P J P, Soares NdFF, Coimbra JSdR, et al. Zinc Oxide Nanoparticles: Synthesis, Antimicrobial Activity and Food Packaging Applications. Food and Bioprocess Technology, 2012, 5: 1447-1464.

[113] Adams L K, Lyon D Y, Alvarez P J J. Comparative eco-toxicity of nanoscale TiO_2, SiO_2, and ZnO water suspensions. Water Research, 2006, 40: 3527-3532.

[114] Jamdagni P, Khatri P, Rana J S. Green synthesis of zinc oxide nanoparticles using flower extract of Nyctanthes arbor-tristis and their antifungal activity. Journal of King Saud University-Science, 2018, 30: 168-175.

[115] Prasad V, Shaikh A J, Kathe A A, et al. Functional behaviour of paper coated with zinc oxide-soluble starch nanocomposites. Journal of Materials Processing Technology, 2010, 210:

1962-1967.

[116] Hu X，Jia X，Zhi C，et al. Improving the properties of starch-based antimicrobial composite films using ZnO-chitosan nanoparticles. Carbohydrate Polymers，2019，210：204-209.

[117] Wahid F，Duan Y-X，Hu X-H，et al. A facile construction of bacterial cellulose/ZnO nanocomposite films and their photocatalytic and antibacterial properties. International Journal of Biological Macromolecules，2019，132：692-700.

[118] Espitia P J P，Soares NdFF，Teófilo R F，et al. Physical-mechanical and antimicrobial properties of nanocomposite films with pediocin and ZnO nanoparticles. Carbohydrate Polymers，2013，94：199-208.

[119] Goudar N，Vanjeri V N，Kasai D，et al. ZnO NPs Doped PVA/Spathodea campanulata Thin Films for Food Packaging. Journal of Polymers and the Environment，2021，29：2797-2812.

[120] Wang H，Gong X，Miao Y，et al. Preparation and characterization of multilayer films composed of chitosan，sodium alginate and carboxymethyl chitosan-ZnO nanoparticles. Food Chemistry，2019，283：397-403.

[121] Youssef A M，El-Sayed S M，El-Sayed HS，et al. Enhancement of Egyptian soft white cheese shelf life using a novel chitosan/carboxymethyl cellulose/zinc oxide bionanocomposite film. Carbohydrate Polymers，2016，151：9-19.

[122] Özgür Ü，Alivov Y I，Liu C，et al. A comprehensive review of ZnO materials and devices. Journal of applied physics，2005，98：11.

[123] Mirjalili F，Yassini Ardekani A. Preparation and characterization of starch film accompanied with ZnO nanoparticles. Journal of Food Process Engineering，2017，40：e12561.

[124] Ma X，Chang P R，Yang J，et al. Preparation and properties of glycerol plasticized pea starch/zinc oxide-starch bionanocomposites. Carbohydrate Polymers，2009，75：472-478.

[125] Zhang L，Liu A，Wang W，et al. Characterisation of microemulsion nanofilms based on Tilapia fish skin gelatine and ZnO nanoparticles incorporated with ginger essential oil：meat packaging application. International Journal of Food Science & Technology，2017，52：1670-1679.

[126] Babaei-Ghazvini A，Shahabi-Ghahfarrokhi I，Goudarzi V. Preparation of UV-protective starch/kefiran/ZnO nanocomposite as a packaging film：Characterization. Food Packaging and Shelf Life，2018，16：103-111.

[127] K S S，M P I，G R R. Mahua oil-based polyurethane/chitosan/nano ZnO composite films for biodegradable food packaging applications. International Journal of Biological Macromolecules. 2019，124：163-174.

[128] Babapour H，Jalali H，Mohammadi Nafchi A. The synergistic effects of zinc oxide nanoparticles and fennel essential oil on physicochemical，mechanical，and antibacterial properties of potato starch films. Food Science & Nutrition，2021，9：3893-3905.

[129] Ahmed J，Arfat Y A，Bher A，et al. Active Chicken Meat Packaging Based on Polylactide Films and Bimetallic Ag-Cu Nanoparticles and Essential Oil. Journal of Food Science，2018，83：1299-1310.

[130] Chi H，Song S，Luo M，et al. Effect of PLA nanocomposite films containing bergamot essential oil，TiO_2 nanoparticles，and Ag nanoparticles on shelf life of mangoes. Scientia Horticulturae，2019，249：192-198.

[131] Wang C，Chang T，Dong S，et al. Biopolymer films based on chitosan/potato protein/linseed oil/ZnO NPs to maintain the storage quality of raw meat. Food Chemistry，2020，332：127375.

[132] Gallo J，Holinka M，Moucha C S. Antibacterial Surface Treatment for Orthopaedic Implants. International Journal of Molecular Sciences，2014，15.

[133] Tian B，Li W，Wang J，et al. Functional polysaccharide based film prepared from chitosan and β-acids：Structural，physicochemical，and bioactive properties. Int J Biol Macromol，2021，181：966-977.

[134] Amin U，Khan M U，Majeed Y，et al. Potentials of polysaccharides，lipids and proteins in biodegradable food packaging applications. Int J Biol Macromol，2021，183：2184-2198.

[135] Moraczewski K，Pawłowska A，Stepczynska M，et al. Plant extracts as natural additives for environmentally friendly polylactide films. Food Packaging Shelf，2020，26：100593.

[136] Sharma S，Barkauskaite S，Jaiswal A K，et al. Essential oils as additives in active food packaging. Food Chem，2021，343：128403.

[137] Falleh H，Jemaa M B，Saada M，et al. Essential oils：A promising eco-friendly food preservative. Food Chem，2020，330：127268.

[138] Yang Y，Yue Y，Runwei Y，et al. Cytotoxic，apoptotic and antioxidant activity of the essential oil of Amomum tsao-ko. Bioresour Technol，2010，101：4205-4211.

[139] Gyesi J N，Opoku R，Borquaye L S. Chemical composition，total phenolic content，and antioxidant activities of the essential oils of the leaves and fruit pulp of *Annona muricata* L. (Soursop) from Ghana. Biochem Res Int，2019，2019：4164576.

[140] Amina B，Soumeya B，Salim B，et al. Chemical profiling，antioxidant，enzyme inhibitory and in silico modeling of Rosmarinus officinalis L. and Artemisia herba alba Asso. essential oils

from Algeria. S Afr J Bot，2022，147：501-510.

[141] He F，Wang W，Wu M，et al. Antioxidant and antibacterial activities of essential oil from Atractylodes lancea rhizomes. Ind Crop Prod，2020，153：112552.

[142] Shahsavari N，Barzegar M，Sahari M A，et al. Antioxidant activity and chemical characterization of essential oil of Bunium persicum. Plant Food Hum Nutr，2008，63：183-188.

[143] Alizadeh Behbahani B，Falah F，Lavi Arab F，et al. Chemical composition and antioxidant，antimicrobial，and antiproliferative activities of Cinnamomum zeylanicum bark essential oil. Evid. -based Compl Alt，2020，2020：5190603.

[144] El Kolli M，Laouer H，El Kolli H，et al. Chemical analysis，antimicrobial and anti-oxidative properties of Daucus gracilis essential oil and its mechanism of action. Asian Pac J Trop Bio，2016，6：8-15.

[145] Höferl M，Stoilova I，Schmidt E，et al. Chemical composition and antioxidant properties of Juniper berry（*Juniperus communis* L.）essential oil. Action of the essential oil on the antioxidant protection of Saccharomyces cerevisiae model organism. Antioxidants，2014，3：81-98.

[146] Insawang S，Pripdeevech P，Tanapichatsakul C，et al. Essential oil compositions and antibacterial and antioxidant activities of five Lavandula stoechas cultivars grown in Thailand. Chem Biodivers，2019，16：No. e1900371.

[147] Jianu C，Stoin D，Cocan I，et al. In silico and in vitro evaluation of the antimicrobial and antioxidant potential of Mentha × smithiana R. GRAHAM essential oil from western Romania. Foods，2021，10：815.

[148] Hossain M A，Shah M D. A study on the total phenols content and antioxidant activity of essential oil and different solvent extracts of endemic plant Merremia borneensis. Arab J Chem，2015，8：66-71.

[149] Wu S Q，Li R，Jiang Z T，et al. Evaluation of antioxidant active ingredients of spikenard essential oil by ultra-fast gas chromatography electronic nose and radical scavenging mechanism. Ind Crop Prod，2020，151：112489.

[150] Skrypnik L，Novikova A，Tokupova E. Improvement of phenolic compounds，essential oil content and antioxidant properties of sweet basil（*Ocimum basilicum* L.）depending on type and concentration of selenium application. Plants，2019，8：458.

[151] Goze I，Alim A，Tepe A S，et al. Screening of the antioxidant activity of essential oil and various extracts of Origanum rotundifolium Boiss. from Turkey. J Med Plants Res，2009，3（4）：246-254.

[152] de Oliveira M S，da Cruz J N，Silva S G，et al. Phytochemical profile，antioxidant activity，inhibition of acetylcholinesterase and interaction mechanism of the major components of the Piper divaricatum essential oil obtained by supercritical CO_2. J Supercrit Fluid，2019，145：74-84.

[153] Xanthis V，Fitsiou E，Voulgaridou G P，et al. Antioxidant and cytoprotective potential of the essential oil Pistacia lentiscus var. chia and its major components myrcene and α-pinene. Antioxidants，2021，10：127.

[154] Mohamed K，Zine K，Fahima K，et al. NiO nanoparticles induce cytotoxicity mediated through ROS generation and impairing the antioxidant defense in the human lung epithelial cells（A549）：Preventive effect of Pistacia lentiscus essential oil. Toxicol Rep，2018，5：480-488.

[155] Rostro-Alanis M D J，Báez-González J，Torres-Alvarez C，et al. Chemical composition and biological activities of oregano essential oil and its fractions obtained by vacuum distillation. Molecules，2019，24：1904.

[156] Ebrahimzade M A，Nabavi S F，Nabavi S M. Essential oil composition and antioxidant activity of Pterocarya fraxinifolia. Pak J Biol Sci，2009，12：957-963.

[157] Raskovic A，Milanovic I，Pavlovic N，et al. Antioxidant activity of rosemary（*Rosmarinus officinalis* L.）essential oil and its hepatoprotective potential. BMC Complem Altern M，2014，14：1-9.

[158] Tagnaout I，Zerkani H，Hadi N，et al. Chemical composition，antioxidant and antibacterial activities of Thymus broussonetii Boiss and *Thymus capitatus*（L.）Hoffmann and link essential oils. Plants，2022，11：954.

[159] Victoria F N，Lenardao E J，Savegnago L，et al. Essential oil of the leaves of Eugenia uniflora L.：antioxidant and antimicrobial properties. Food Chem Toxicol，2012，50：2668-2674.

[160] El Euch S K，Hassine D B，Cazaux S，et al. Salvia officinalis essential oil：Chemical analysis and evaluation of anti-enzymatic and antioxidant bioactivities. S Afr J Bot，2019，120：253-260.

[161] Bouaziz M，Yangui T，Sayadi S，et al. Disinfectant properties of essential oils from Salvia officinalis L. cultivated in Tunisia. Food Chem Toxicol，2009，47：2755-2760.

[162] Mau J L，Lai E Y，Wang N P，et al. Composition and antioxidant activity of the essential oil from Curcuma zedoaria. Food Chem，2003，82：583-591.

[163] de Veras B O，de Oliveira M B M，da Silva Oliveira F G，et al. Chemical composition and evaluation of the antinociceptive，antioxidant and antimicrobial effects of essential oil from Hy-

menaea cangaceira Pinto, Mansano Azevedo native to Brazil: A natural medicine. J Ethnopharmacol, 2020, 247: 112265.

[164] Borah A, Paw M, Gogoi R, et al. Chemical composition, antioxidant, antiinflammatory, anti-microbial and in-vitro cytotoxic efficacy of essential oil of Curcuma caesia Roxb. leaves: An endangered medicinal plant of North East India. Ind Crop Prod, 2019, 129: 448-454.

[165] Zhou C, Li C, Siva S, et al. Chemical composition, antibacterial activity and study of the interaction mechanisms of the main compounds present in the Alpinia galanga rhizomes essential oil. Ind Crop Prod, 2021, 165: 113441.

[166] Freitas P R, de Araujo A C J, dos Santos Barbosa C R, et al. Characterization and antibacterial activity of the essential oil obtained from the leaves of Baccharis coridifolia DC against multiresistant strains. Microb. Pathogenesis, 2020, 145: 104223.

[167] Yu Y, Dong J, Wang Y, et al. RNA-seq analysis of antibacterial mechanism of Cinnamomum camphora essential oil against Escherichia coli. PeerJ, 2021, 9: No. e11081.

[168] Chen J, Tang C, Zhang R, et al. Metabolomics analysis to evaluate the antibacterial activity of the essential oil from the leaves of Cinnamomum camphora Linn. Presl J Ethnopharmacol, 2020, 253: 112652.

[169] Wu K, Lin Y, Chai X, et al. Mechanisms of vapor-phase antibacterial action of essential oil from Cinnamomum camphora var. linaloofera Fujita against Escherichia coli. Food Sci Nutr, 2019, 7: 2546-2555.

[170] Song X, Liu T, Wang L, et al. Antibacterial effects and mechanism of mandarin Citrus reticulata L. essential oil against Staphylococcus aureus. Molecules, 2020, 25: 4956.

[171] He F, Li K, Zhang X, et al. Components and antibacterial activity of a novel essential oil from the nutrient broth of Eremothecium ashbyii H4565. LWT, 2019, 101: 389-394.

[172] Wang X, Shen Y, Thakur K, et al. Antibacterial activity and mechanism of ginger essential oil against Escherichia coli and Staphylococcus aureus. Molecules, 2020, 25: 3955.

[173] Yuan W, Teo C H M, Yuk H G. Combined antibacterial activities of essential oil compounds against Escherichia coli O157: H7 and their application potential on fresh-cut lettuce. Food Control, 2019, 96: 112-118.

[174] He R, Chen W, Chen H, et al. Antibacterial mechanism of linalool against L. monocytogenes, a metabolomic study. Food Control, 2022, 132: 108533.

[175] Cui H, Zhang C, Li C, et al. Antibacterial mechanism of oregano essential oil. Ind Crop Prod, 2019, 139: 111498.

［176］ Luo K，Zhao P，He Y，et al. Antibacterial effect of oregano essential oil against Vibrio vulnificus and its mechanism. Foods，2022，11：403.

［177］ Barbosa L N，Alves F C B，Andrade B F M T，et al. Proteomic analysis and antibacterial resistance mechanisms of Salmonella Enteritidis submitted to the inhibitory effect of Origanum vulgare essential oil，thymol and carvacrol. J Proteomics，2020，214：103625.

［178］ Kang J，Jin W，Wang J，et al. Antibacterial and anti-biofilm activities of peppermint essential oil against Staphylococcus aureus. LWT，2019，101：639-645.

［179］ da Silva Dannenberg G，Funck G D，da Silva W P，et al. Essential oil from pink pepper Schinus terebinthifolius Raddi：Chemical composition，antibacterial activity and mechanism of action. Food Control，2019，95：115-120.

［180］ de Souza Moura W，de Souza S R，Campos F S，et al. Antibacterial activity of Siparuna guianensis essential oil mediated by impairment of membrane permeability and replication of pathogenic bacteria. Ind Crop Prod，2020，146：112142.

［181］ Ziaee E，Razmjooei M，Shad E，et al. Antibacterial mechanisms of Zataria multiflora Boiss. essential oil against Lactobacillus curvatus. LWT，2018，87：406-412.

［182］ Roy S，Rhim J W. Carrageenan/agar-based functional film integrated with zinc sulfide nanoparticles and Pickering emulsion of tea tree essential oil for active packaging applications. Int J Biol Macromol，2021，193：2038-2046.

［183］ Tian B，Xu D，Cheng J，et al. Chitosan-silica with hops β-acids added films as prospective food packaging materials：Preparation，characterization，and properties. Carbohyd Polym，2021，272：118457.

［184］ Pirnia M，Shirani K，Yazdi F T，et al. Characterization of antioxidant active biopolymer bilayer film based on gelatin-frankincense incorporated with ascorbic acid and Hyssopus officinalis essential oil. Food Chem-X，2022，14：100300.

［185］ Yang Z，Zhai X，Zhang C，et al. Agar/TiO_2/radish anthocyanin/neem essential oil bionanocomposite bilayer films with improved bioactive capability and electrochemical writing property for banana preservation. Food Hydrocolloid，2022，123：107187.

［186］ Zhou W，He Y，Liu F，et al. Carboxymethyl chitosan pullulan edible films enriched with galangal essential oil：Characterization and application in mango preservation. Carbohyd Polym，2021，256：117579.

［187］ Wu M，Zhou Z，Yang J，et al. ZnO nanoparticles stabilized oregano essential oil Pickering emulsion for functional cellulose nanofibrils packaging films with antimicrobial and antioxidant activity. Int J Biol Macromol，2021，190：433-440.

[188] Soofi M，Alizadeh A，Hamishehkar H，et al. Preparation of nanobiocomposite film based on lemon waste containing cellulose nanofiber and savory essential oil：A new biodegradable active packaging system. Int J Biol Macromol，2021，169：352-361.

[189] da Silva Dannenberg G，Funck G D，dos Santos Cruxen C E，et al. Essential oil from pink pepper as an antimicrobial component in cellulose acetate film：Potential for application as active packaging for sliced cheese. LWT，2017，81：314-318.

[190] Zhang H，Jung J，Zhao Y. Preparation and characterization of cellulose nanocrystals films incorporated with essential oil loaded β-chitosan beads. Food Hydrocolloid，2017，69：164-172.

[191] Chen G，Liu B. Cellulose sulfate based film with slow-release antimicrobial properties prepared by incorporation of mustard essential oil and β-cyclodextrin. Food Hydrocolloid，2016，55：100-107.

[192] Zhang Z J，Li N，Li H Z，et al. Preparation and characterization of biocomposite chitosan film containing Perilla frutescens L. Britt. essential oil. Ind Crop Prod，2018，112：660-667.

[193] Elshamy S，Khadizatul K，Uemura K，et al. Chitosan-based film incorporated with essential oil nanoemulsion foreseeing enhanced antimicrobial effect. J Food Sci Technol，2021，58：3314-3327.

[194] Morales-Rabanales Q N，Coyotl Pérez W A，Rubio Rosas E，et al. Antifungal properties of hybrid films containing the essential oil of Schinus molle：Protective effect against postharvest rot of tomato. Food Control，2022，134：108766.

[195] Surendhiran D，Roy V C，Park J S，et al. Fabrication of chitosan-based food packaging film impregnated with turmeric essential oil TEO-loaded magnetic-silica nanocomposites for surimi preservation. Int J Biol Macromol，2022，203：650-660.

[196] Amalraj A，Haponiuk J T，Thomas S，et al. Preparation，characterization and antimicrobial activity of polyvinyl alcohol/gum arabic/chitosan composite films incorporated with black pepper essential oil and ginger essential oil. Int J Biol Macromol，2020，151：366-375.

[197] Amalraj A，Raj K K，Haponiuk J T，et al. Preparation，characterization，and antimicrobial activity of chitosan/gum arabic/polyethylene glycol composite films incorporated with black pepper essential oil and ginger essential oil as potential packaging and wound dressing materials. Adv Compos Hybrid Ma，2020，3：485-497.

[198] Zhang W，Shu C，Chen Q，et al. The multilayer film system improved the release and retention properties of cinnamon essential oil and its application as coating in inhibition to penicilli-

um expansion of apple fruit. Food Chem，2019，299：125109.

[199] Perdana M I，Ruamcharoen J，Panphon S，et al. Antimicrobial activity and physical properties of starch/chitosan film incorporated with lemongrass essential oil and its application. LWT，2021，141：110934.

[200] Wang B，Sui J，Yu B，et al. Physicochemical properties and antibacterial activity of corn starch-based films incorporated with Zanthoxylum bungeanum essential oil. Carbohyd Polym，2021，254：117314.

[201] Zhang Y，Zhou L，Zhang C，et al. Preparation and characterization of Curdlan/polyvinyl alcohol/thyme essential oil blending film and its application to chilled meat preservation. Carbohyd Polym，2020，247：116670.

[202] Wu J，Liu H，Ge S，et al. The preparation，characterization，antimicrobial stability and in vitro release evaluation of fish gelatin films incorporated with cinnamon essential oil nanoliposomes. Food Hydrocolloid，2015，43：427-435.

[203] e Silva N D S，de Souza Farias F，dos Santos Freitas M M，et al. Artificial intelligence application for classification and selection of fish gelatin packaging film produced with incorporation of palm oil and plant essential oils. Food Packaging Shelf，2021，27：100611.

[204] Arfat Y A，Benjakul S，Prodpran T，et al. Properties and antimicrobial activity of fish protein isolate/fish skin gelatin film containing basil leaf essential oil and zinc oxide nanoparticles. Food Hydrocolloid，2014，41：265-273.

[205] Li X，Tu Z C，Sha X M，et al. Flavor，antimicrobial activity and physical properties of gelatin film incorporated with of ginger essential oil. J Food Sci Technol，2022，59：815-824.

[206] Wang H，Li M，Dong Z，et al. Preparation and characterization of ginger essential oil microcapsule composite films. Foods，2021，10：2268.

[207] Sun X，Wang J，Zhang H，et al. Development of functional gelatin-based composite films incorporating oil-in-water lavender essential oil nano-emulsions：Effects on physicochemical properties and cherry tomatoes preservation. LWT，2021，142：110987.

[208] Kilinc D，Ocak B，Ozdestan-Ocak O. Preparation，characterization and antioxidant properties of gelatin films incorporated with Origanum onites L. essential oil. J. Food Meas. Charact，2021，15：795-806.

[209] Roy S，Rhim J W. Gelatin/agar-based functional film integrated with Pickering emulsion of clove essential oil stabilized with nanocellulose for active packaging applications. Colloid Surface A，2021，627：127220.

[210] Roy S, Rhim J W. Fabrication of bioactive binary composite film based on gelatin/chitosan incorporated with cinnamon essentia oil and rutin. Colloid Surface B, 2021, 204: 111830.

[211] Nurul Syahida S, Ainun Z M, Ismail-Fitry M R, et al. Development and characterisation of gelatine/palmwax/lemongrass essential oil GPL-coated paper for active food packaging. Packag Technol Sci, 2020, 33: 417-431.

[212] Syahida S N, Ismail-Fitry M R, Ainun Z M A, et al. Effects of gelatin/palm wax/lemongrass essential oil GPL-coated Kraft paper on the quality and shelf life of ground beef stored at 4°C. Food Packaging Shelf, 2021, 28: 100640.

[213] Shen Y, Ni Z J, Thakur K, et al. Preparation and characterization of clove essential oil loaded nanoemulsion and pickering emulsion activated pullulan-gelatin based edible film. Int J Biol Macromol, 2021, 181: 528-539.

[214] Jiang Y, Lan W, Sameen D E, et al. Preparation and characterization of grass carp collagen-chitosan-lemon essential oil composite films for application as food packaging. Int J Biol Macromol, 2020, 160: 340-351.

[215] Zhang S, He Z, Xu F, et al. Enhancing the performance of konjac glucomannan films through incorporating zein-pectin nanoparticle stabilized oregano essential oil Pickering emulsions. Food Hydrocolloid, 2022, 124: 107222.

[216] Liu Z, Lin D Li N, Yang X. Characterisation of konjac glucomannan-based active films loaded with thyme essential oil: Effects of loading approaches. Food Hydrocolloid, 2022, 124: 107330.

[217] Syafiq R, Sapuan S M, Zuhri M R M. Antimicrobial activity, physical, mechanical and barrier properties of sugar palm based nanocellulose/starch biocomposite films incorporated with cinnamon essential oil. J Mater Res Technol, 2021, 11, 144-157.

[218] Subbuvel M, Kavan P. Preparation and characterization of polylactic acid/fenugreek essential oil/curcumin composite films for food packaging applications. Int J Biol Macromol, 2022, 194: 470-483.

[219] Jiang J, Gong L, Dong Q, et al. Characterization of PLA-P3, 4HB active film incorporated with essential oil: Application in peach preservation. Food Chem, 2020, 313: 126134.

[220] Chen M, Yan X, Cheng M, et al. Preparation, characterization and application of poly lactic acid/corn starch/eucalyptus leaf essential oil microencapsulated active bilayer degradable film. Int J Biol Macromol, 2022, 195: 264-273.

[221] Almasi L, Radi M, Amiri S, et al. Fabrication and characterization of antimicrobial biopolymer films containing essential oil-loaded microemulsions or nanoemulsions. Food Hydrocolloid,

2021，117：106733.

[222] Acevedo-Fani A，Salvia-Trujillo L，Rojas-Grau M A，et al. Edible films from essential-oil-loaded nanoemulsions：Physicochemical characterization and antimicrobial properties. Food Hydrocolloid，2015，47：168-177.

[223] Alizadeh-Sani M，Rhim J W，Azizi-Lalabadi M，et al. Preparation and characterization of functional sodium caseinate/guar gum/TiO_2/cumin essential oil composite film. Int J Biol Macromol，2020，145：835-844.

[224] Xue F，Gu Y，Wang Y，et al. Encapsulation of essential oil in emulsion based edible films prepared by soy protein isolate-gum acacia conjugates. Food Hydrocolloid，2019，96：178-189.

[225] Syafiq R M O，Sapuan S M，Zuhri M Y M，et al. Effect of plasticizers on the properties of sugar palm nanocellulose/cinnamon essential oil reinforced starch bionanocomposite films. Nanotechnol Rev，2022，11：423-437.

[226] Moradi M，Tajik H，Rohani S M R，et al. Antioxidant and antimicrobial effects of zein edible film impregnated with Zataria multiflora Boiss. essential oil and monolaurin. LWT，2016，72：37-43.

[227] Vahedikia N，Garavand F，Tajeddin B，et al. Biodegradable zein film composites reinforced with chitosan nanoparticles and cinnamon essential oil：Physical，mechanical，structural and antimicrobial attributes. Colloid Surface B，2019，177：25-32.

[228] Cai J，Xiao J，Chen X，et al. Essential oil loaded edible films prepared by continuous casting method：Effects of casting cycle and loading position on the release properties. Food Packaging Shelf，2020，26：100555.

[229] de Oliveira Filho J G，Albiero B R，Calisto I H，et al. Bionanocomposite edible coatings based on arrowroot starch/cellulose nanocrystals/carnauba wax nanoemulsion containing essential oils to preserve quality and improve shelf life of strawberry. Int J Biol Macromol，2022，219：812-823.

[230] Oliveira Filho J G d，Silva G d C，Oldoni F C A，et al. Edible Coating Based on Carnauba Wax Nanoemulsion and Cymbopogon martinii Essential Oil on Papaya Postharvest Preservation. Coatings，2022，12（11）：1700.

[231] Miranda M，Sun X，Marin A，et al. Nano-and micro-sized carnauba wax emulsions-based coatings incorporated with ginger essential oil and hydroxypropyl methylcellulose on papaya：Preservation of quality and delay of post-harvest fruit decay. Food Chem-X，2022，

13：100249.

[232] Ganeson K，Razifah M R，Mubarak A，et al. Improved functionality of cinnamon oil emulsion-based gelatin films as potential edible packaging film for wax apple. Food Biosci，2022，47：101638.

[233] Khan M R，Di Giuseppe F A，Torrieri E，et al. Recent advances in biopolymeric antioxidant films and coatings for preservation of nutritional quality of minimally processed fruits and vegetables. Food Packaging Shelf，2021，30：100752.

[234] González-Buesa J，Salvador M L. A multiphysics approach for modeling gas exchange in microperforated films for modified atmosphere packaging of respiring products. Food Packaging Shelf，2022，31：100797.

[235] Qu P，Zhang M，Fan K，et al. Microporous modified atmosphere packaging to extend shelf life of fresh foods：A review Crit Rev Food Sci，2022，62：51-65.

[236] Umaraw P，Verma A K. Comprehensive review on application of edible film on meat and meat products：An ecofriendly approach. Crit Rev Food Sci，2017，57：1270-1279.

[237] Haghighi-Manesh S，Azizi M H. Active packaging systems with emphasis on its applications in dairy products. J Food Process Eng，2017，40 (5)：No. e12542.

[238] Xylia P，Chrysargyris A，Tzortzakis N. The combined and single effect of marjoram essential oil，ascorbic acid，and chitosan on fresh cut lettuce preservation. Foods，2021，10：575.

[239] Chi H，Song S，Luo M，et al. Effect of PLA nanocomposite films containing bergamot essential oil，TiO_2 nanoparticles，and Ag nanoparticles on shelf life of mangoes. Sci Hortic-Amstermad，2019，249：192-198.

[240] Lian H，Shi J，Zhang X，et al. Effect of the added polysaccharide on the release of thyme essential oil and structure properties of chitosan based film. Food Packaging Shelf，2020，23：100467.

[241] Shankar S，Khodaei D，Lacroix M. Effect of chitosan/essential oils/silver nanoparticles composite films packaging and gamma irradiation on shelf life of strawberries. Food Hydrocolloid，2021，117：106750.

[242] Rodrigues R，Patil S，Dhakane-Lad J，et al. Effect of green tea extract，ginger essential oil and nanofibrillated cellulose reinforcements in starch films on the keeping quality of strawberries. J Food Process Pres，2022，46：No. e16109.

[243] Peralta-Ruiz Y，Tovar C D G，Sinning-Mangonez A，et al. Reduction of postharvest quality loss and microbiological decay of tomato “Chonto” Solanum lycopersicum L. using chitosan-

essential oil-based edible coatings under low-temperature storage. Polymers, 2020, 12: 1822.

[244] Pirozzi A, Del Grosso V, Ferrari G, et al. Edible coatings containing oregano essential oil nanoemulsion for improving postharvest quality and shelf life of tomatoes. Foods, 2020, 9: 1605.

[245] Issa A, Ibrahim S A, Tahergorabi R. Impact of sweet potato starch-based nanocomposite films activated with thyme essential oil on the shelf-life of baby spinach leaves. Foods, 2017, 6: 43.

[246] Hematizad I, Khanjari A, Basti A A, et al. In vitro antibacterial activity of gelatin-nanochitosan films incorporated with Zataria multiflora Boiss essential oil and its influence on microbial, chemical, and sensorial properties of chicken breast meat during refrigerated storage. Food Packaging Shelf, 2021, 30: 100751.

[247] Fiore A, Park S, Volpe S, et al. Active packaging based on PLA and chitosan-caseinate enriched rosemary essential oil coating for fresh minced chicken breast application. Food Packaging Shelf, 2021, 29: 100708.

[248] Esmaeili H, Cheraghi N, Khanjari A, et al. Incorporation of nanoencapsulated garlic essential oil into edible films: A novel approach for extending shelf life of vacuum-packed sausages. Meat Sci, 2020, 166: 108135.

[249] Li S, Jiang Y, Zhou Y, et al. Facile fabrication of sandwich-like anthocyanin/chitosan/lemongrass essential oil films via 3D printing for intelligent evaluation of pork freshness. Food Chem, 2022, 370: 131082.

[250] Talebi F, Misaghi A, Khanjari A, et al. Incorporation of spice essential oils into polylactic acid film matrix with the aim of extending microbiological and sensorial shelf life of ground beef. LWT, 2018, 96: 482-490.

[251] Xavier L O, Sganzerla W G, Rosa G B, et al. Chitosan packaging functionalized with Cinnamodendron dinisii essential oil loaded zein: A proposal for meat conservation. Int J Biol Macromol, 2021, 169: 183-193.

[252] Wang D, Dong Y, Chen X, et al. Incorporation of apricot Prunus armeniaca kernel essential oil into chitosan films displaying antimicrobial effect against Listeria monocytogenes and improving quality indices of spiced beef. Int J Biol Macromol, 2020, 162: 838-844.

[253] Asdagh A, Pirsa S. Bacterial and oxidative control of local butter with smart/active film based on pectin/nanoclay/Carum copticum essential oils/β-carotene. Int J Biol Macromol, 2020,

165：156-168.

[254] Tayebi-Moghaddam S，Khatibi R，Taklavi S，et al. Sustained-release modeling of clove essential oil in brine to improve the shelf life of Iranian white cheese by bioactive electrospun zein. Int J Food Microbiol，2021，355：109337.

[255] Seydim A C，Sarikus-Tutal G，Sogut E. Effect of whey protein edible films containing plant essential oils on microbial inactivation of sliced Kasar cheese. Food Packaging Shelf，2020，26：100567.

[256] Priyadarshi R，Kumar B，Deeba F，et al. Chitosan films incorporated with Apricot Prunus armeniaca kernel essential oil as active food packaging material. Food Hydrocolloid，2018，85：158-166.

[257] Orsuwan A，Sothornvit R. Active banana flour nanocomposite films incorporated with garlic essential oil as multifunctional packaging material for food application. Food Bioprocess Technol，2018，11：1199-1210.

[258] Haghighatpanah N，Omar-Aziz M，Gharaghani M，et al. Effect of mung bean protein isolate/pullulan films containing marjoram *Origanum majorana* L. essential oil on chemical and microbial properties of minced beef meat. Int J Biol Macromol，2022，201：318-329.

[259] Heydari-Majd M，Ghanbarzadeh B，Shahidi-Noghabi M，et al. A new active nanocomposite film based on PLA/ZnO nanoparticle/essential oils for the preservation of refrigerated Otolithes ruber fillets. Food Packaging Shelf，2019，19：94-103.

[260] Bibi F，Guillaume C，Vena A，et al. Wheat gluten，a bio-polymer layer to monitor relative humidity in food packaging：Electric and dielectric characterization. Sensor Actuat A Phys，2016，247：355-367.

[261] Duan Y，Liu Y，Han H，et al. A dualchannel indicator of fish spoilage based on a D-π-A luminogen serving as a smart label for intelligent food packaging. Spectrochim Acta Part A，2022，266：120433.

[262] Lu P，Yang Y，Liu R，et al. Preparation of sugarcane bagasse nanocellulose hydrogel as a colourimetric freshness indicator for intelligent food packaging. Carbohyd Polym，2020，249：116831.

[263] Moustafa H，Morsy M，Ateia M A，et al. Ultrafast response humidity sensors based on polyvinyl chloride/graphene oxide nanocomposites for intelligent food packaging. Sensor Actuat A-Phys，2021，331：112918.

[264] Pereira Jr V A，de Arruda I N Q，Stefani R. Active chitosan/PVA films with anthocyanins

from Brassica oleraceae Red Cabbage as Time-Temperature Indicators for application in intelligent food packaging. Food Hydrocolloid，2015，43：180-188.

[265] Tirtashi F E，Moradi M，Tajik H，et al. Cellulose/chitosan pH-responsive indicator incorporated with carrot anthocyanins for intelligent food packaging. Int J Biol Macromol，2019，136：920-926.

[266] Won K，Jang N Y，Jeon J. A natural component-based oxygen indicator with in-pack activation for intelligent food packaging. J Agr Food Chem，2016，64：9675-9679.

[267] Wu S，Wang W，Yan K，et al. Electrochemical writing on edible polysaccharide films for intelligent food packaging. Carbohyd Polym，2018，186：236-242.

[268] Yılmaz M，Altan A. Optimization of functionalized electrospun fibers for the development of colorimetric oxygen indicator as an intelligent food packaging system. Food Packaging Shelf，2021，28：100651.

[269] Chen S，Wu M，Lu P，et al. Development of pH indicator and antimicrobial cellulose nanofibre packaging film based on purple sweet potato anthocyanin and oregano essential oil. Int J Biol Macromol，2020，149：271-280.

[270] Wang J，Sun X，Zhang H，et al. Dual-functional intelligent gelatin based packaging film for maintaining and monitoring the shrimp freshness. Food Hydrocolloid，2022，124：107258.

[271] Chen Y，Bai Y，Xu N，et al. Classification of Chinese vinegars using optimized artificial neural networks by genetic algorithm and other discriminant techniques. Food Anal Method，2017，10，2646-2656.

[272] Begley T H. Methods and approaches used by FDA to evaluate the safety of food packaging materials. Food Addit Contam，1997，14 (6-7)：545-553.

[273] Dainelli D，Gontard N，Spyropoulos D，et al. Active and intelligent food packaging：legal aspects and safety concerns. Trends Food Sci Technol，2008，19：S103-S112.

[274] Li C，Sheng L，Sun G，Wang L. The application of ultraviolet-induced photo-crosslinking in edible film preparation and its implication in food safety. LWT，2020，131：109791.

[275] Li Z，Yang C，Li Z，et al. Application and safety evaluation of an anti-aflatoxigenic chitosan pouch containing turmeric essential oil in the storage of traditional Chinese health food. In J Biol Macromol，2021，183：1948-1958.